ALL ABOUT SHAMPOO

샴푸에 관한 모든 것

메디시인

Prologue

샴푸란 일상에서 꼭 필요한 생필품으로 여러 가지 다양한 기능으로 소비자에게 어필하는 세정제입니다. 대표적으로 탈모방지부터 육모, 너리싱(nourishing), 아로마(aroma), 손상방지 등의 다양한 기능을 소구하지만, 헤어 살롱에서는 샴푸의 테크닉 하나로 모든 기능성을 일축한다고 할 수 있습니다. 일상에서 샴푸제의 그 어떠한 기능성보다 살롱에서의 샴푸 테크닉은 중요한 자리를 차지하고 있습니다.

그토록 살롱에서의 샴푸법이 중요하게 다루어져 왔고, 이점을 인식하여 미용사 국가기술 자격 시험 종목에서도 두피관리 및 샴푸가 채택되었으며, 직장인들을 위한 20분 샴푸를 서비스 하는 샴푸살롱이 생겨날 정도로 샴푸테크닉은 하나의 중요한 기술로 인식되고 있습니다.

이 책은 미용전공 학생들이 살롱에 입사해서 시작하게 되는 샴푸교육과 샴푸법에 흡사한 챕터(chapter)로 구성하여, **제1장 베이직 샴푸, 제2장 염색 · 펌을 위한 샴푸, 제3장 두피클리닉 샴푸, 제4장 모발클리닉 샴푸**로 나누어 2년 교육과정동안 매학기 샴푸 수업을 받고 실습함으로써 샴푸에 대한 감각을 잘 장착하기를 바라는 마음으로 제작하였습니다.

현장전문가들의 가장 큰 니즈(needs)가 샴푸가 가능한 인재이기도 하고, 샴푸에 관한 모든 것을 예습하고 현장에서 실전 샴푸를 시작하면 훈련에 잘 적응할 수 있을 것이라 확신하는 애정을 담아 집필은 물론, 실습사진 촬영에 심혈을 기울였습니다. 더불어 고학력의 미용인이 다방면에 능력을 갖춘 고급인력이 되는 데에도 기여할 수 있기를 바랍니다.

이 책의 샴푸제 자료와 두피 · 모발 과학이론은 선행 학자와 현장전문가, 연구강사님들의 자료를 일부 인용하였으므로 송구하게 생각하며, 더불어 깊은 감사의 말씀을 드립니다. 앞으로도 본서를 통하여 학습하는 모든 독자의 조언을 바탕으로 첨삭하여 좀 더 완성도 있는 내용으로 수정 · 보완해 나아갈 것입니다.

끝으로 명지전문대학 헤어디자인 전공의 샴푸교육을 믿고 출판을 위해 수고해 주신 지구문화사/메디시언 임직원 여러분께 감사를 전합니다.

정유년 새 봄에

대표저자 서 원 숙

차례

차례

차례

Part IV 모발 클리닉 샴푸

Chapter 1 헤어 클리닉

Chapter 2 샴푸 마무리

PART I

베이직 샴푸

1. 샴푸 준비
2. 샴푸 절차
3. 샴푸 마무리

Chapter 1

샴푸 준비

학습목표

- 두피, 모발상태나 시술 목적에 따라 샴푸제를 선택할 수 있다.
- 모발 길이나 모량에 따라 샴푸제의 양을 조절할 수 있다.
- 엉킨 모발의 정돈과 이물질 제거를 위해 사전 브러시를 할 수 있다.
- 혈액순환 개선과 신진대사 촉진을 위해 두피 매니플레이션을 할 수 있다.
- 고객 편의를 위해 가운을 착용해 주고 샴푸대와 수온을 조절할 수 있다.

1. 모발 생리학

1. 모발의 정의

전신에 분포되어 있는 체모를 순 우리말로는 '털'이라 하고 한자말은 '모(毛), 혹은 모발(毛髮)이라 부른다. 피부의 변성물인 모발은 케라틴(keratin)이라는 경단백질로 되어 있다. 모발 성분의 대부분은 단백질(80~90%)로 구성되어 있고, 멜라닌(3% 이하), 지질(1~8%), 미량원소(0.6~1%), 수분(10~15%) 등으로 이루어져 있다.

그 중 두상에 존재하는 털을 두발(hair of the head)이라 부르며 모, 모발, 머리털, 머리카락 등의 용어로도 사용한다.

모발은 크게 연모(vellus hair), 경모(terminal hair), 장모(long hair)와 단모(short hair)로 구분한다. 연모는 잔털이라고 하고 전신에 분포되어 있으며 1.4cm를 넘지 않은 것을 지칭하고 그 이외의 털은 경모에 해당된다. 장모에는 모발, 수염, 겨드랑이 털 등이 있고, 단모에는 눈썹, 속눈썹, 코털 등이 있다.

털은 전신에 분포되어 있지만 손바닥, 발바닥, 입술, 유두 등에는 존재하지 않으며 우리 신체의 털은 약 130~140만 개이다. 그 중 두발은 8~12만 개 정도로 가늠하는데, 자연적으로 탈락하는 모발은 매일 80~100개 전후로 보며 100개 이상 탈락 시 탈모로 간주한다.

2. 모발의 구조

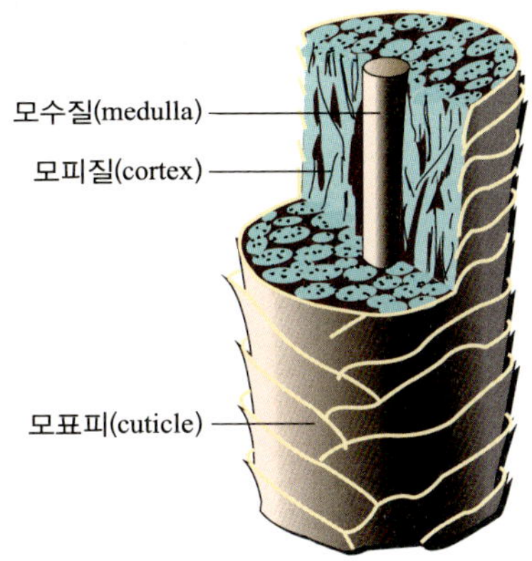

그림 1-1 모발의 구조

(1) 모간(Shaft)

1) 큐티클(Cuticle)

두발의 모표피는 가장 바깥층에 있으며 5~15층의 얇고 투명한 세포가 물고기 비늘 모양처럼 겹쳐져 있고, 이는 모발 전체의 10~15%를 차지한다. 건강모는 비늘 상태가 규칙적이어서 광택이 있고, 단단하여 외부의 자극을 적게 받는다. 모표피는 외부의 자극으로부터 털의 내부를 보호하고, 화학적 자극에 저항하고, 모발의 광택, 습윤 정도를 나타낸다.

① 최외표피(Epicuticle)

친유성으로 알칼리에 강하며 두께는 10μm 정도의 얇은 막으로 수증기는 통과하지만 물은 통과하지 못하는 구조이다. 다당류, 단백질, 인지질 등이 견고하게 결합되어 있어 산소나 화학약품에 대한 저항성이 가장 강하다. 그러나 딱딱하고 부서지기 쉽기 때문에 기계적인 작용을 받으면 쉽게 손상되는 단점이 있다.

② 외표피(Exocuticle)

시스틴 함량이 풍부하고 부드러운 케라틴 층으로 펌제와 같은 시스틴 결합을 절단하는 화학약품의 작용을 받기 쉬운 층이며 물리적, 화학적 저항력이 최외표피 부분보다 현저히 낮은 부분이다.

③ 내표피(Endocuticle)

가장 안쪽에 존재하는 층으로 시스틴 함유량이 적어 케라틴 침식성의 물질에는 강하지만 단백질 침식성 물질에는 약하다.

2) 모피질(Cortex)

모발의 모표피와 모수질 사이의 섬유 모양의 부분으로 세포막은 피질 세포와 간충 물질로 강하게 연결되어 있다. 모발 면적의 약 85~90%를 차지하며 모발의 힘, 두께, 탄성, 컬 정도를 나타내고 친수성으로 약제의 작용을 쉽게 받아 파마나 컬러링과 같은 화학적 시술과 관련성이 있다.

① 거대섬유(Macro-fibril)

가장 큰 섬유 다발을 점유하고 있으며 이들을 둘러싸고 있는 간충물질들로 구성되어 있다. 섬유 다발과 다발 사이에는 간충물질로 채워져 있으며 손상을 받기 쉽기 때문에 모발손상의 최대 원인이 되는 부분이다.

② 미세섬유(Micro-fibril)

미세섬유가 다수 모여 거대섬유를 구성하며 나선상으로 늘어져 있다. 즉 11개의 원섬유 다발이 가운데 2다발을 중심으로 9개의 다발이 원 모양으로 둘러 있다. 즉, 9+2 구조를 취한다.

③ 원섬유(Proto-fibril)

원섬유는 3개의 실과 같은 섬유가 새끼줄이 꼬인 듯 결합되어 있으며, 형태상으로는 용수철과 같은 나선형으로 꼬여 있는데 이를 힐릭스(helix)구조라고 한다. 이 구조의 특징 때문에 모발의 탄력성이 나타나게 되는데, 이는 용수철과 같이 적절한 힘을 가했을 때 늘어났다가, 힘을 뺐을 때 다시 원래의 모양으로 되돌아가는 원리와 동일하다. 화학적으로 전자의 경우를 알파 헬릭스(α-helix)로, 후자의 경우는 베타 헬릭스(β-helix)라고 부른다. 또한 이렇게 변화되는 것을 알파-베타 전이(α-β transformation of keratin)라고 한다.

3) 모수질(Medula)

모발의 중심 부위로 여러 개의 공포로 가득 찬 벌집형태이며 그 속에는 공기가 들어 있다. 실질적인 기능은 밝혀지지 않았으나 공기로 채워진 공간으로 보온의 역할을 한다고 추정된다. 모수질은 연모에는 없고 경모에만 존재한다.

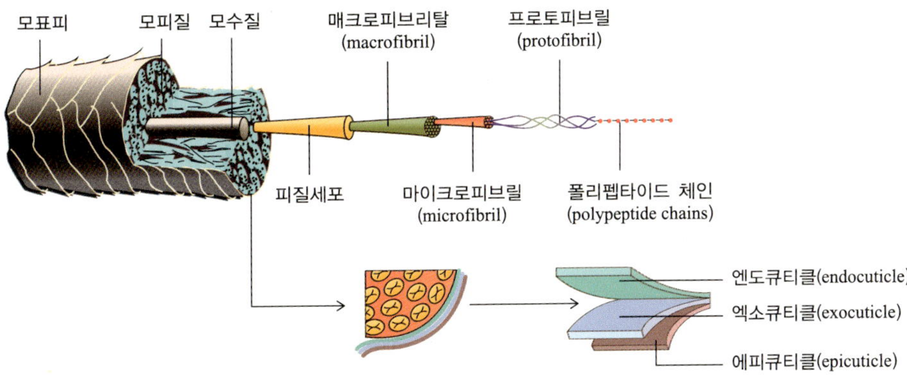

그림 1-2 모발의 구성

(2) 모근(Root)

모근부는 피부 속에 박혀 있는 부분으로 모낭에 둘러싸여 있고, 털의 가장 심부가 있는 부분을 모구(bulb)라고 한다. 모구는 모근의 가장 밑부분으로 모유두(papilla)가 있다. 부속 기관으로 입모근, 피지선, 한선, 혈관, 신경 등이 있다.

1) 모낭(Follicle)

모낭은 진피에서 표피를 가로지르는 관으로 털이 있고, 그 털을 보호하는 역할을 한다. 모낭은 내모근초(inter root sheath), 외모근초(outer root sheath), 결합조직초(connentive tissue sheath)의 3부분으로 나뉘어진다.

① 내모근초(Inter root sheath)

내모근초는 모유두에서 피지선의 아래까지 존재하고 털을 지지하는 역할을 한다. 내모근초의 큐티클과 털의 큐티클이 같은 방향으로 쌓여 털이 쉽게 빠지지 않는다.

② 외모근초(Outer root sheath)

내모근초의 겉을 감싸고 있고 피지선으로 갈수록 약해진다. 또한 외모근초는 털을 보호하는 역할을 한다.

③ 결합조직초(Connentive tissue sheath)

모낭과 피지선을 모두 감싸고 있고 유두층과 접해있다. 모세혈관이 있어 털에 영양을 공급하는 역할을 한다.

2) 모유두(Papilla)

태생 9주에 발생이 시작되며 모근을 감싸고 있는데 모모세포에서 세포분열에 의해 모발이 생성된다.

① 모모세포(Germinal matrix)

모유두와 접하는 곳에 있고 성장 조절 물질의 작용을 받아 분열이 왕성하여 끈임 없이 세포를 분열시키고 증식시키면서 모발을 생성하게 한다. 즉, 모발의 기원이 되는 세포이며 색소세포가 존재한다.

② 모구(Hair bulb)

전구를 뒤집어 놓은 듯한 형태로 둥근 부분을 의미하며 모근의 하단부를 지칭한다. 모세혈관, 모유두, 모모세포 등으로 구성되어 있다.

③ 입모근(Arrector pili-muscle)

기모근이라 불리기도 하며, 피지선 아래쪽에 위치하여 모낭과 연결되어 있다. 추위와 공포로 인한 근육의 수축으로 털을 세우고 자율신경의 지배를 받으며 신경섬유 분포로 촉각 기능을 한다. 눈썹, 속눈썹, 코털, 겨드랑이 털에는 존재하지 않는다.

④ 피지선(Sebaceous gland)

하루 1~2g의 피지를 분비하여 피부와 모발을 부드럽게 한다. 피부의 부속선 중의 하나이며 여기에서 만들어진 피지의 일부는 모낭 내에 있는 털을 통해 올라와 모발 둘레를 싸고, 일부는 모낭벽을 따라 피부의 표면에 퍼져 윤기를 준다. 분비 전에는 무색, 무취이나 공기 중에 산화되면 유색을 띠며 악취를 발생시킨다.

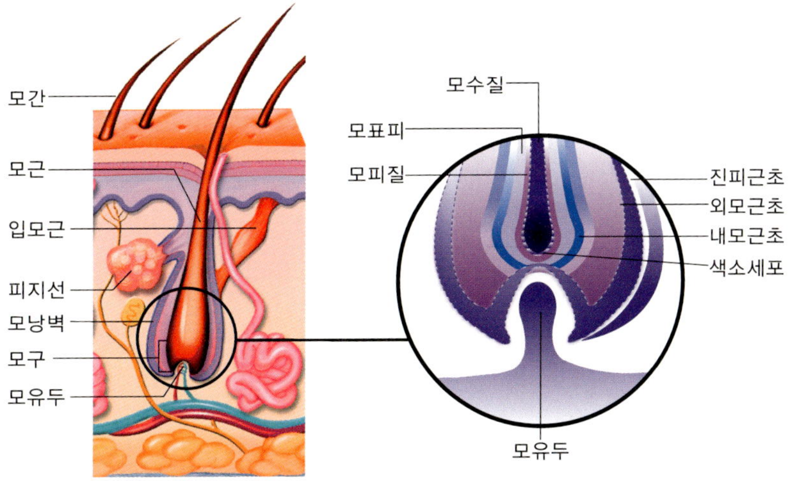

그림 1-3 모근의 구조

3. 모발의 성장

모발의 성장 속도는 개인차가 매우 큰 편으로, 하루에 평균 0.2~0.5mm정도 자란다. 모발의 성장 속도는 신체 부위별, 개인의 영양 상태, 라이프 스타일, 성, 연령, 계절, 질환 유무 등에 따라 달라진다. 예를 들면 여성이 남성보다 성장속도가 빠르고, 가을과 겨울보다 봄과 여름(5~6월경)에, 낮보다 밤에 성장 속도가 빠르다.

모발은 모주기(헤어 사이클)에 따라 한 가닥씩 독립적으로 자라며, 모발의 수명은 여성의 경우 4~6년, 남성의 경우 3~5년 정도이다.

(1) 성장기(Anagen)

모유두에 접해있는 모세혈관으로부터 영양을 공급받아 활발한 세포분열을 일으켜 새로운 모발이 생성되어 성장하는 단계이다. 성장기의 모발은 전체 모발의 80~90%를 차지하며, 약 2~6년 정도 지속된다. 개인의 영양상태, 건강상태, 내분비 상태, 질환유무, 성, 연령 등에 영향을 받는다.

(2) 퇴화기(Catagen)

성장기에서 휴지기로 넘어가는 중간단계로 세포분열이 정지되어 성장 속도가 느려지고 모발 케라틴을 만들어내지 않는 단계이다. 털이 모유두에서 분리되어 모낭 위로 올라간다. 퇴화기의 모발은 전체 모발의 약 1%를 차지한다. 퇴화 기간은 2~4주 정도이다.

(3) 휴지기(Telogen)

모구의 세포분열이 멈추고 모유두의 활동이 일시 정지되어 모발이 빠지는 시기이다. 모낭의 심부에는 새로운 성장기의 털이 성장을 계속하고 있다. 휴지기의 모발은 전체 모발의 14~15% (분만 후 30~40%)를 차지한다. 모발이 즉시 빠지지 않고 한동안 두피에 남아 있는 휴지기간은 3~4개월 정도이며 실제로 브러싱, 미용시술 등으로 쉽게 탈락된다. 정상적인 휴지기의 탈모의 수는 하루에 80~100개 정도이다.

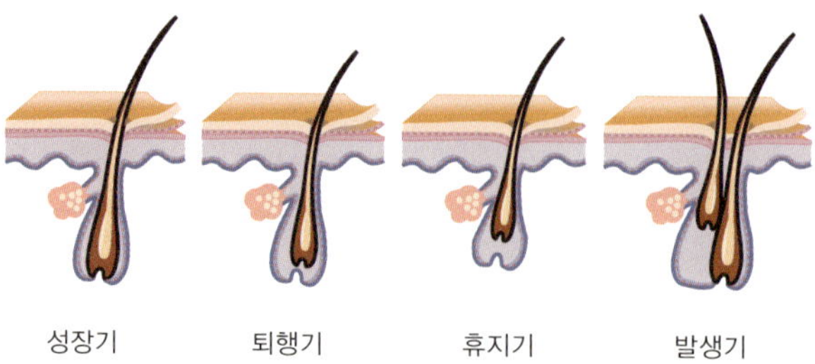

그림 1-4 모발의 성장주기

2. 두피 생리학

1. 두피관리의 정의

두피란 뇌를 포함한 두부(頭部)를 보호하고 있는 피부조직으로 외부의 물리적 자극이나 화학적 변화를 완충시켜 두부 내부를 유지하고 보호하는 부분이다.

두피관리란 두피와 모발의 청결과 건강을 위해 일상적인 샴푸나 두피 스케일링 및 트리트먼트 등의 다양한 미용적 시술을 하고 두피관련 제품 및 기기를 이용하여 두피문제를 개선, 관리하여 모발의 생성 및 두피건강을 저해하는 이물질과 기타 오래된 피부 분비물(피지, 땀 등)을 제거하고 두피 및 모발에 필요한 영양을 공급함으로서 두피의 건강과 모발 성장을 원활히 하도록 도와주는 관리를 말한다.

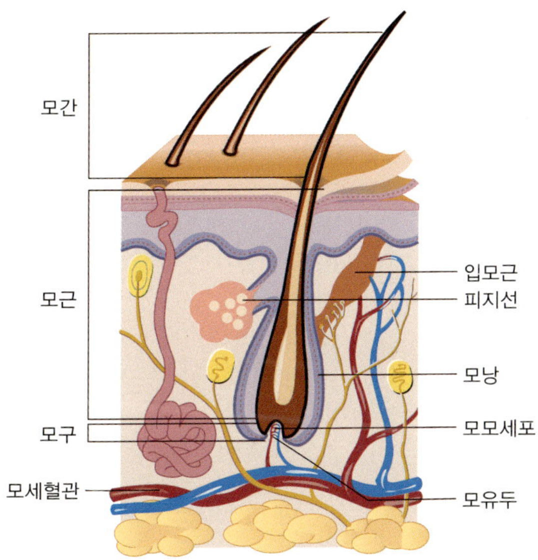

그림 1-5 두피의 구조

2. 두피의 기능

(1) 보호 기능

두피의 기능 중 가장 중요한 기능으로 외부의 물리적, 화학적 작용으로부터 뇌를 포함한 두부를 보호하는 기능을 한다. 약산성인 두피는 세균 증식을 억제하고 멜라닌은 피부 세포가 자외선에 의해 손상되는 것을 막아주는 색소 방어막 역할을 한다.

(2) 흡수기관으로서의 기능

제품 도포 시 각질층의 경로와 피부부속기관을 통하여 흡수가 이루어지는데, 피부표면에는 피지막과 각질층의 피부장벽이 있어 흡수가 쉽지는 않다. 하지만 모공과 한공 등 피부부속 기관을 통한 흡수인 경우는 유효 성분이 진피층까지 투입될 수 있다.

(3) 호흡기능

인체에서 97%는 폐를 통한 호흡이 이뤄지지만 1~3%는 피부조직을 통하여 외부로부터의 산소공급이 이뤄진다. 피부조직의 하나인 두피 또한 이러한 피부 호흡의 기능에 관여하고 있다.

(4) 분비 또는 배설의 기능

피지를 분비하는 피지선, 땀을 분비하는 한선이 존재하며 중금속 등의 유해물질을 체외로 배설하는 기능을 한다.

(5) 감각전달 기능

외부의 자극을 뇌에 전달하여 촉각, 압박, 통각, 온각, 한각, 소양감 등을 느낄 수 있다.

(6) 비타민 D 생성과 기능

자외선을 받으면 생체 내에서 비타민 D가 흡수되어 뼈와 치아의 형성에 도움을 준다.

(7) 영양분 저장 기능

피하조직 내 지방은 우리 몸의 저장기관으로 각종 영양분과 수분을 보유 · 저장하고 있다.

(8) 체온조절 기능

인체는 항상 36.5℃를 유지하는 항상성을 지닌다. 피부에서 분비되는 땀은 인체의 체온유지에 도움을 주고 있으며 피부조직의 모세혈관은 피부 발한작용을 통하여 체온을 일정하게 유지시켜 준다.

3. 브러싱 테크닉

1. 브러싱

브러싱은 미용 기술의 최초 단계에 해당되는 기술로 모발에 묻은 오염 물질을 제거하고 엉킨 모발을 정돈해 주며, 두피의 혈액순환을 도와주며, 두피와 모발에 자극과 쾌감을 주어 미용효과를 높여준다.

(1) 올바른 브러싱 방법

① 가급적 굵은 빗살, 그리고 빗살 끝이 둥근 브러시가 적합하다.
② 두피에서 시작하여 모발 끝으로 빗어야 머릿결의 손상을 예방할 수 있다.
③ 엉킨 부분은 두피 쪽 모발을 잡은 상태에서 아래에서 위로 빗어 준다.

④ 먼저 머리카락의 흐름대로 빗어 주고 다양한 방향에서도 빗어 준다.

⑤ 젖은 상태에서 빗질은 손상 우려가 있으므로 하지 않도록 한다.

(2) 브러싱 순서

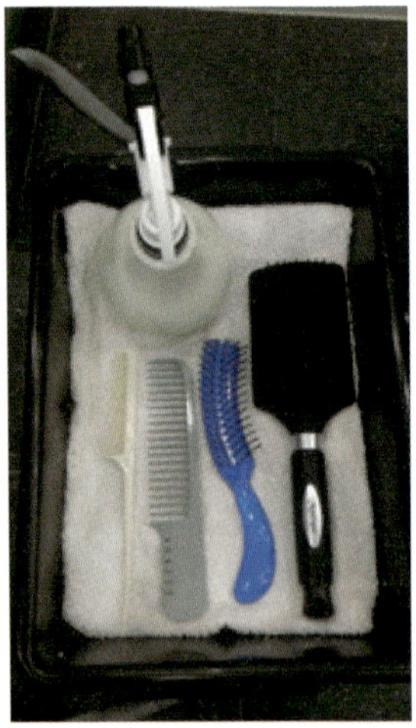

① 브러싱 재료를 준비한다. 분무기와 브러싱에 사용할 빗을 준비한다.

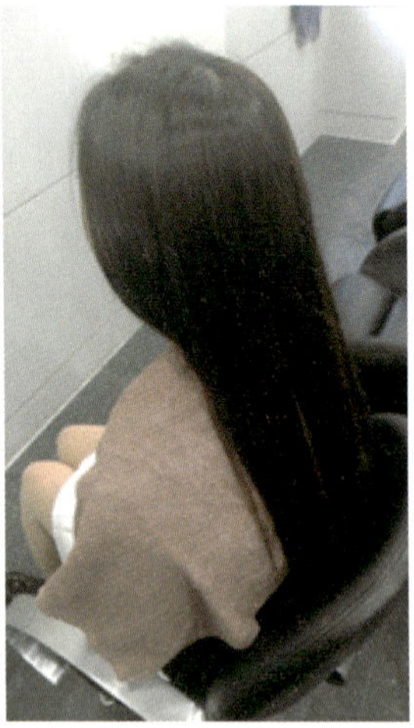

② 타월과 샴푸보를 두른다. 타월을 먼저 두르고 그 위에 샴푸보를 두른다.

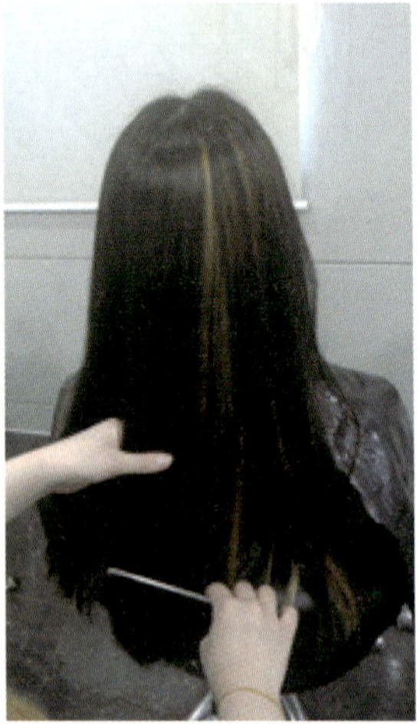

③ 모발의 끝부분부터 빗질을 시작한다. 이때 엉킨 모발을 풀어 준다.

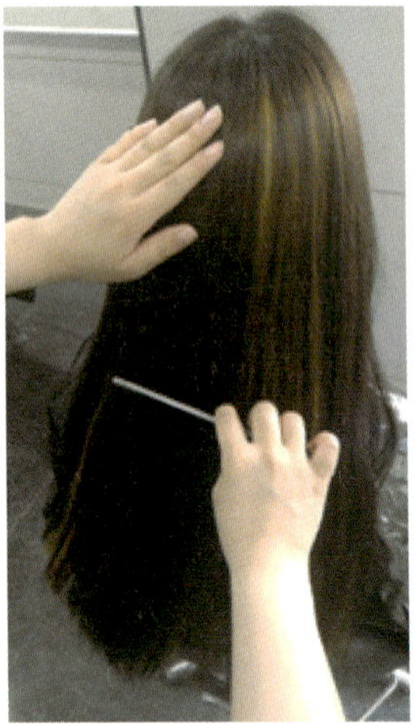

④ 모발 끝을 정돈하고 중간부분, 윗부분 순으로 모발을 빗어 나가며 정리한다. 너무 세게 힘을 주지 않도록 주의하며 골고루 빗어 내려간다.

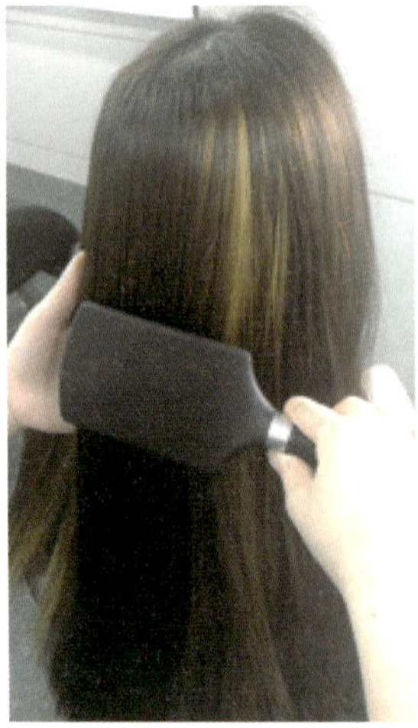

⑤ 두피 마사지가 가능한 빗으로 바꾸어 다시 한 번 브러싱한다.

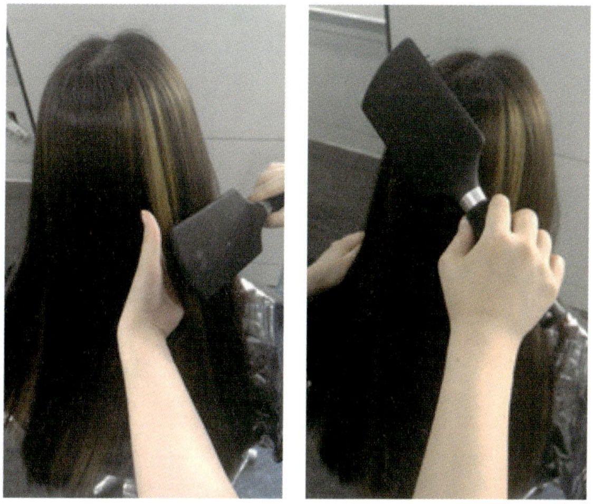

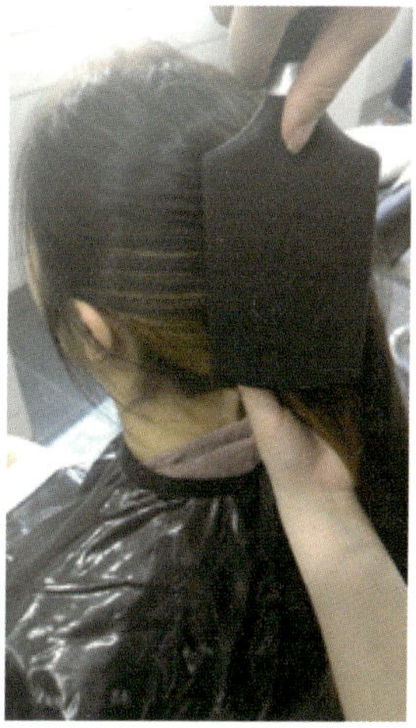

⑥ 두피 마사지에 사용하는 빗은 빗살이 뾰족하지 않은 것으로 사용한다. 브러싱은 두피에 자극을 주어 혈액순환을 돕고 고객에게 안정감과 편안함을 준다.

⑦ 후두부와 두정부 측두부까지 골고루 브러싱한다.

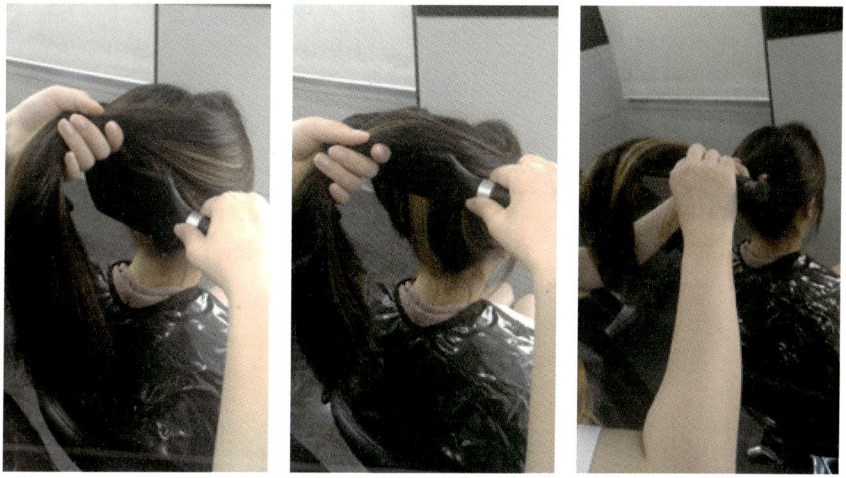

⑧ 마무리로 네이프에서 모발 끝까지 빗어 올린다. 고객의 모발이 뜯기지 않게 주의한다.

4. 고객 상담

1. 상담의 정의

상담이란 고객과의 대화과정을 통해 고객이 원하는 스타일을 찾고 문제점을 찾아 해결방안을 찾아나가는 과정이다. 즉, 고객과 상하수직 관계가 아닌 수평관계를 유지하는 것으로 이는 고객의 입장에서 문제점을 해결하는 것이다.

2. 상담의 목적과 필요성

① 두피 · 모발 · 탈모에 관한 정보와 지식을 전달하여 고객의 인식이나 태도를 바꾸도록 도와준다.

② 두피 관련 문제점을 발생시킬 수 있는 생활습관을 지적하여 좋은 생활습관으로 변화하도록 도와준다.

③ 개선된 생활습관을 유지하도록 도와준다.

④ 상담을 통해 바람직한 방향으로 바뀌도록 도와줌으로써 자율의지를 가지게 하는 과정으로, 상담의 최종 목적은 고객 스스로 생활전반에 걸쳐 자기조절의 중요성을 인식하게 하는 것이다.

3. 고객 상담 시 체크 사항

① 개인 프로필을 고객카드에 기입한다.

② 병력 등 신체적 특이 사항을 확인한다.

③ 현 건강상태를 확인한다.

④ 식생활을 확인한다.

⑤ 부계, 모계 등 탈모력이 있는지 유전적으로 두피에 이상이 있는지 확인한다.

⑥ 스타일링 제품 사용여부를 확인한다.

⑦ 화학적 시술 및 드라이 등 모발에 손상을 주는 요인이 무엇인지 확인한다.

4. 고객 상담 시 주의 사항

① 고객이 말하기 전에 고객의 문제를 다 안다고 추정하지 않는다.

② 고객은 자신의 문제를 말하는 것이 부끄러울 수 있기 때문에 편안한 분위기와 공감대를 형성하여 상담한다.

③ 두피관리는 단기간에 되는 것이 아니라는 것을 알려준다.

④ 두피의 다양한 증세를 자연스럽게 언급하고 고객이 어떤 타입에 속하는지 함께 진단한다.

⑤ 고객 상담 및 두피관리의 전 과정은 고객의 신뢰와 의지가 필요하기 때문에 거짓말이나 과장된 표현은 하지 않는다.

⑥ 고객의 식단, 건강유지, 모발관리, 재발방지 등을 위해 고객이 따라야 할 사항 등에 관해 조언한다.

5. 고객상담 진단절차

고객상담의 진단절차 즉, 상담 순서로, 문진은 묻고 답하며 시진은 눈으로 관찰함을, 촉진은 손으로 만져봄으로써, 검진은 모발 진단기를 이용하여 진단하는 방법이다.

(1) 문진

① 고객의 자각증상

② 사용 중인 두발 관련 제품 및 사용방법

③ 식습관 및 다이어트

④ 미용시술(화학적 및 물리적 시술)

⑤ 복용 중인 약이나 질환의 유무

⑥ 직업 및 생활습관

⑦ 스트레스 여부

⑧ 연령 및 결혼여부, 유전 등

(2) 시진

① 탈모의 부위와 크기
② 두피의 상태
③ 모발의 상태

(3) 촉진

① 두피의 경직상태
② 두피의 발열상태
③ 모발의 고착력
④ 모발의 탄력성

(4) 검진

① 스코프
② 두피펀치 조직검사
③ 모발밀도 측정기
④ 모발분석
⑤ 모주기 검사
⑥ 모발직경 측정기
⑦ 두발편광 현미경
⑧ 두발강도 시험기
⑨ 모낭충 검사

(5) 분석 항목

① 다공성

모발의 다공성은 습기와 제품들을 얼마까지 흡수할 수 있는지 그 능력을 결정하는 것이다. 개인에 따라 차이가 있지만 모표피가 손상되고 열려 있을 때 증가하며 다공성이 적은 모발은 액체가 잘 흡수되지 않으며 큐티클 층이 단단하고 밀집되어 있으며 느낌이 매끄럽다.

② 탄력성

모발의 탄력성은 모발이 늘어났다가 다시 원래의 길이로 돌아가는 능력을 말하며 되돌아가는 속도와 각도로 탄성을 추측할 수 있다.

③ 질감

모발의 지름을 뜻하거나 가느다란, 중간, 굵은 등의 느낌을 나타내기도 한다.

④ 밀도

두피 1cm^{2}에 얼마나 많은 모발이 났느냐를 의미하며 밀도는 개인의 모발 수에 따라 다르고 색상에 따라 다르다.

⑤ 건강상태

건강한 모발은 윤기와 탄력이 있고 일반적인 스타일링이나 화학제의 사용에도 잘 견디지만 손상된 경우는 건조하고 거칠며 끝이 갈라져 있다.

⑥ 두피의 상태

두피에 상처, 염증, 질환이 있는 상태에서, 화학적 제품의 사용이나 시술은 모낭염을 일으키기 쉽고 알레르기 반응과 탈모를 유발하게 된다.

6. 관리 프로그램 설정

상담을 통한 기초 자료를 가지고 고객의 두피 타입에 맞는 구체적인 관리 프로그램을 설정한다. 이에 맞춰 고객의 두피와 모발에 맞는 제품, 관리기기, 마사지 프로그램을 결정하고 체계적으로 시술할 수 있도록 한다.

일반적인 프로그램의 순서는 두피 마사지 → 두피 스케일링 → 두피 클렌징 → 영양 공급 → 마무리 순으로 진행한다.

두피 • 모발 진단 카드

1. 고객정보

상담일		고객명(남/여)	
주소			
연락처		직업	
결혼여부		자녀(명, 나이)	
관리경험		관리기간	
기타		방문목적	

2. 생활 방식

샴푸(제품, 횟수)		스타일링제 사용	
수면상태		수면시간	
식생활	식사횟수(회) 식단-채식/육식, 인스턴트, 술, 담배		
건강상태(운동)		소화상태	
흡연(횟수)		음주(횟수 및 양)	
땀 분비량		약복용	
피임약 복용 여부		헤어 제품 사용 상태	
알레르기		임신/출산	

3. 두피 모발 진단

모발 상태	정상	건성	악건성	지성	악지성	민감성	
두피 상태	유연	경직	비듬(지성/건성)	염증			
모공 상태	열림	보통	막힘	심한 더러움			
각질상태	전두부	투명(좌/우)	홍반	염증			
	측두부	투영	홍반(좌/우)	염증(좌/우)			
	후두부	보통	홍반	염증			
모발 형태	굵은모	중간모	가는모				
현재 모발상태	직모	파상모	축모	미처리모	염색	탈색	펌 (웨이브/트리레이트)
탈모의 원인	유전성	스트레스	산후 탈모	세척 불량	비듬	지루성 피부염	
머리 모양	U형	M형	O형	C형	MO형		

4. 부위 별 특징

발생 위치	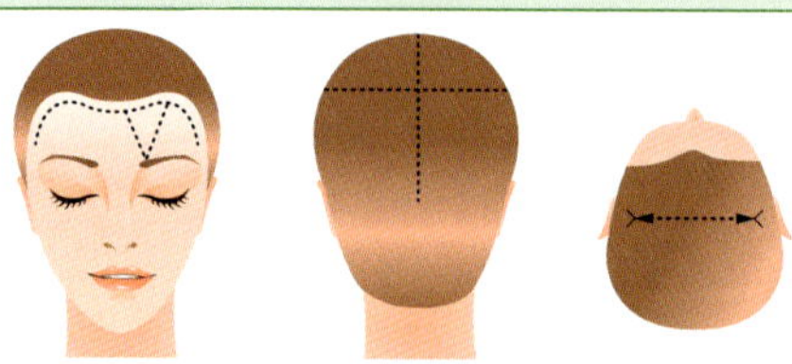
진단내용	
처방과 홈케어	

7. 불만고객 응대

(1) 불만고객 응대

고객이 서비스를 받고 모두가 만족하는 경우는 없을 것이다. 따라서 만족한 서비스를 제공하기 위하여 노력하고 불만족의 수치를 낮추기 위하여 노력해야 하겠지만, 불만이 발생했을 시 대처하는 능력도 현대에는 중요한 능력이다.

또한 자신의 불만을 얘기하는 것은, 불만을 해결하여 우리와의 지속적으로 관계를 유지시키겠다는 또 다른 표현일 수 있기 때문에 불만고객에 대한 정성 어린 응대는 고객감동의 기회이기도 하다.

Check point

불만고객 응대 6원칙

① **경청**－고객의 불만을 긍정적으로 받아들이는 자세를 보인다.

② **사과**－고객에게 정중하게 사과한다.

③ **공감표시**－고객의 불만에 대하여 표정, 언어, 행동으로 공감을 표현한다.

④ **사유 설명**－불만 발생원인 및 과정에 대해 상세하고 정확하게 설명한다.

⑤ **대안제시**－즉시 고객 불만 해결이 가능할 경우 신속히 업무를 처리하고, 그러지 않을 경우 고객이 납득할 수 있는 차선책을 제시한다.

⑥ **거듭 사과와 감사**－고객과 시선을 맞추면서 정중하게 인사한다.

(2) 불만고객 추가 응대 요령

보통 고객의 불만은 3가지 단계로 나눌 수 있다. 1단계: 불편하다, 2단계: 화가 나고 불쾌하다, 3단계: 분노를 느낀다. 1단계의 고객에 대해서는 앞서의 4단계 응대를 통해 불만을 해소할 수 있지만 2단계와 3단계의 고객은 다음과 같이 추가적인 응대방법이 필요하다.

① 사과로부터 시작한다.

② 사람, 장소, 분위기를 바꾼다 .

③ 해당 업무를 잘 알고 책임질 수 있는 사람이 응대한다.

④ 고객이 적은 장소에서 서비스로 분위기를 전환시킨다.

⑤ 추가이익을 제공한다.

⑥ 약속은 반드시 지킨다.

Chapter
2

샴푸 절차

학습목표

- 샴푸 성분이 남지 않도록 페이스라인, 귀, 모발, 두피 등을 충분하게 헹굴 수 있다.
- 샴푸 후 모발 보호제 사용여부를 판단하여 사용할 수 있다.
- 고객의 불편사항을 수시로 점검하여 대처할 수 있다.

1. 샴푸와 린스, 그리고 트리트먼트

1. 샴푸

(1) 샴푸의 기원

17세기 중엽 영국의 산업혁명 이후 비누가 소개되었다. 샴푸(shampoo)라는 명칭이 사용된 것은 1930년 일본에서 비누에 샴푸라는 상품명을 붙인 것이 최초라고 알려져 있다.

당시의 샴푸제는 분말제로, 유화된 오일 샴푸를 사용한 것은 이보다 훨씬 뒤인 1955년 이후 미용실에서부터이다. 요즘은 계면활성제를 이용한 전문적이며 세분화된 제품들이 다양하게 등장하고 있다.

우리나라는 해조류나 곡식류의 분말을 끓여 생긴 즙에 물을 희석하여 세발하고 여러해살이 풀인 창포의 뿌리와 줄기를 끓인 물로 단옷날 목욕하고 머리를 감았다고 전해온다.

표 1-1 샴푸의 발달 과정

시기	내용
산업혁명 이후	탄산나트륨과 탄산 말륨의 비누 사용
1930년대	알코올 유지계의 황산염
1950년대	모발 전용샴푸 등장 → (비누+합성세제)
1960년대	합성세제, Sodium Lauryl Sulfate 등장
1970년대	액체 샴푸 본격적으로 보급, 알킬 황산염(Sodium Lauryl Sulfate · SLS), 알킬에테르황산염(Sodium Lauryl Ether Sulfate · SLES)
1980년 전반	석유계 합성계면활성제의 중단, 샴푸 기능의 다양화, 동일계 내에서 유형별 브랜드의 세분화
1980년 후반	자연주의적 샴푸 등장, 샴푸와 린스의 겸용
1990년대	사회적 요구에 맞는 샴푸의 등장, 항(抗) 비듬 샴푸의 일반화, 하이 컨디셔닝 제품의 정착

(2) 샴푸의 목적

샴푸를 하는 이유는 두피 · 모발의 세정을 통해 생리적 작용의 정상을 유도함으로써 두피를 건강히 유지하고 모발을 아름답게 하기 위함이다.

샴푸는 두피와 두발의 오염 물질인 피지 산화물, 비듬, 땀, 먼지, 헤어 스타일링 제품 등을 제거하고 헤어 트리트먼트, 두피 매니플레이션 등으로 피로와 긴장을 해소시키며 혈액 순환을 원활하게 하며 모근을 강화시키며, 오염 물질을 제거하고, 적당한 자극을 주어 모발의 육성을 촉진한다. 또 샴푸는 두발 손질을 효과적으로 실시할 수 있게 하여 미용 기술의 기초가 된다.

(3) 샴푸의 조건

① 적당한 세정성을 함유하고 지속적인 거품이 잘 일어야 한다.
② 샴푸할 때 마찰에 의한 두발의 손상을 방지해야 하며, 샴푸 후 두발에 자연적인 윤기와 유연성을 주어야 한다.
③ 두피, 두발, 눈에 대한 안전성을 고려해야 한다.
④ 샴푸 후 헹굼이 잘 되어야 한다.
⑤ 샴푸 후 빗질이 잘 되어야 한다.

(4) 샴푸의 성분과 원리

1) 계면활성제(Surface active surfactant)

비누의 결점을 보완한 것이 합성세제인데 이는 계면활성제와 보조 성분 등을 섞어서 만든다. 합성세제는 센물에서도 칼슘이나 마그네슘 이온과 침전을 만들지 않는다. 지금까지 알려진 계면활성제의 수는 매우 많지만, 화장품에 첨가되는 것은 엄격한 기준에 의해 선정된다.

계면활성제의 화합물은 크게 이온성과 비이온성으로 분류되며, 이온성 계면활성제는 다시 양이온성 · 음이온성 · 양쪽성으로 나뉜다.

표 1-2 계면 활성제의 종류

계면활성제	종류
양이온성 계면활성제	• 물에 녹으면 친수기가 이온화한다. • 살균과 소독 작용이 있으며, 정전기의 발생을 억제시키므로 헤어린스나 헤어트리트먼트의 성분으로 사용된다. • 수용액에서 이온화해 활성제의 주체가 양이온이 되는 것을 말한다. • 세트로션, 토닉, 역성비누에 사용된다. • 음이온 비누와 반대의 성질을 가지고 있는 비누이다.
음이온성 계면활성제	• 물에 녹으면 친수기가 이온화된다. • 세정 작용, 기포 형성 작용이 우수해 비누, 샴푸, 폼 클렌징 등에 사용된다. • 계면활성제 중 수용액에서 이온화해 활성제의 주체가 음이온이 되는 것이다.

양쪽성 계면활성제	• 세정 작용이 있으며, 피부자극이 저자극성이다. 저자극 샴푸, 베이비샴푸 등에 사용된다. • 물에 녹아 친수기가 pH에 의해 이온화해 주어진 조건에 따라 양이온도 음이온도 될 수 있다.
비 이온성 계면활성제	• 수용액 중에서 이온화되지 않는 계면활성제를 비이온 계면활성제라고 한다. • 물에 녹아도 이온화되지 않는다. 환자용 샴푸나 화장품 유화제에 사용된다. • 저자극성으로 클렌징 크림의 세정제, 화장품의 유화제로 사용된다. • 피부 자극이 적어 화장수의 가용화제, 크림이나 로션상의 유화제, 클렌징 크림의 세정제로 사용된다.

2) 기타 성분 및 첨가제

① 분산제

모발에 칼슘비누의 침전이 생기는 것을 막기 위한 것으로 특히 비누제제인 경우는 분산제의 역할이 더욱 중요하다. 분산제는 비누 거품이 잘 일어나게 해 주는 기능을 한다.

② 기포 증진제

2차 계면활성제로, 1차 계면활성제 단독으로는 거품생성이나 거품 유지가 어려운 경우가 있으므로 보충하기 위해 사용되며, 거품을 안정시키고 거품의 형성을 개선시킨다. 거품은 세정력에는 영향을 주지 않지만 세발할 때 모발과 모발의 접촉을 막고 마찰을 부드럽게 하는 역할 외에 작은 거품이 계면활성제의 액체면을 확대시키며 세정작용을 용이하게 한다. 알카놀아미드, 아민옥사이드를 주로 사용한다.

③ 유화제

서로 섞이지 않는 액을 섞이게 하는 것으로 알카놀아미드, 아민옥사이드를 주로 사용한다.

④ 침투제

모발의 흡착을 도와주며, 벤질 알코올(benzyl alcohol)를 주로 사용한다.

⑤ 완화제

유지, 고급 알코올, 에스테르유, 라놀린유도체, 프로틴유도체, 스쿠알렌, PVP 등이 사용된다.

⑥ 조정제

모발을 더욱 윤기 있게 하고 탄력을 주기 위한 것으로 주로 라놀린과 유도체, 세틸알코올, 올레일알코올 등을 사용하나 사용량이 2%보다 높으면 거품에 영향을 미치므로 주의해야 한다. 계란 노른자나 말린 계란가루 등에는 레시틴이나 콜레스테롤 등이 많이 함유되어 있어 모발을 부드럽게 해주며 세제의 분자보다 더 빨리 모발에 흡착되어 세제의 부작용을 줄여 준다.

모발의 세정 시에 세제분자에 둘러싸여 에멀전이 되었다가 헹구는 과정에서 모발에 흡착되어 모발의 상태를 부드럽게 하고 정전기를 예방해 준다.

친유성이 강한 지방산 에스테르와 같은 물질로 수분의 확산을 막는 완화제 작용과 보습기능을 하는 레시틴이나 라놀린처럼 모이스처 라이저 작용을 한다.

⑦ 컨디셔닝제

샴푸 후의 광택, 감촉, 빗질을 부드럽게 하고 모발의 표면을 보호하여 손상을 예방하는 등의 목적으로 사용된다. 컨디셔닝제의 첨가물에는 여러 종류가 있으나 흡착에 따른 분류는 다음과 같다.

표 1-3 흡착에 따른 컨디셔닝제 분류

흡착작용의 형태	Conditioning제	
화학적 흡착	콜라겐 가수분해물질(폴리펩타이드) 아미노산 알부민 비타민 B 복합체	
물리적 흡착	기름 성분	라놀린과 그 유도체 스쿠알렌 유도파라핀 α-올리핀 올리고머 지방산 및 그 유도체 고급 알코올 에스테르 실리콘유와 그 유도체 유지(피마자유, 올리브유)
	보습제	프로필렌글리콜 글리세린 요소 소르비톨 1,3-부틸렌 글리콜
	고분자	셀룰로오스 유도체
이온성 흡착	양이온성 고분자 물질	양이온변성 셀룰로오스 에테르유도체 (Polymer JR) 4급 암모늄염유도체(Gafquart) 폴리아크릴산유도체 4급 암모늄염 폴리아미드유도체 4급 암모늄염 디아실메틸 암모늄 폴리머 알킬 폴리에틸렌이민

⑧ 증점제

샴푸에 고급스러움을 주기 위해 각종 증점제가 첨가되는데 수용성의 천연고분자, 합성고분자 등이 주로 사용되며 그 중 셀룰로오스 유도체, PVA, PVP, 카보풀, 식염 등이 사용된다.

표 1-4 증점제의 성질

<table>
<tr><th colspan="2"></th><th>증점제</th><th>성분</th></tr>
<tr><td colspan="2">무기전해질</td><td></td><td>NaCl, KCL, Na_4Cl, Na_2SO_4, K_2SO_4</td></tr>
<tr><td rowspan="10">수용성
고분자물질</td><td rowspan="6">천연</td><td>전분질</td><td>전분</td></tr>
<tr><td>곤약</td><td>곤약</td></tr>
<tr><td>해조류</td><td>알킬산나트륨</td></tr>
<tr><td>식물류</td><td>아라비아검</td></tr>
<tr><td>미생물류</td><td>텍스트린</td></tr>
<tr><td>단백질</td><td>젤라틴, 콜라겐</td></tr>
<tr><td rowspan="3">반합성</td><td>전해질형</td><td>카복시메틸셀룰로오스(CMC)</td></tr>
<tr><td>비전해질형</td><td>메틸셀룰로우스(MC)
히드록시메틸셀룰로오스(HEC)
히드록시푸로필세룰로오스(HPC)</td></tr>
<tr><td>전분제</td><td>가용성 전분
카르복실메틸 전분
디알데하드 전분</td></tr>
<tr><td>합성</td><td>전해질형</td><td>폴리아크릴산나트륨
폴리옥시에틸렌글리콜</td></tr>
<tr><td rowspan="7">유성성분</td><td rowspan="2">알코올류</td><td>고급알코올류</td><td>세틸알콜</td></tr>
<tr><td>천연</td><td>멘톨, 라놀린</td></tr>
<tr><td rowspan="3">지방산</td><td>지방산</td><td>스테아린산</td></tr>
<tr><td>에스테르</td><td>미리스틴산이소프로필</td></tr>
<tr><td>에톡시레이트</td><td>스테아린산 에톡시레이트</td></tr>
<tr><td rowspan="2">에스테르</td><td>PEG 에스테르</td><td>PEG 400 디스테아레이트</td></tr>
<tr><td>EG 에스테르</td><td>에틸렌그리콜에스테르</td></tr>
<tr><td rowspan="3">계면활성제</td><td colspan="2" rowspan="2">알카놀아미드</td><td>라우릴 디에탄올아미드(LDE)</td></tr>
<tr><td>코코늣 디에탄올아미드(CDE)</td></tr>
<tr><td colspan="2">에칠렌옥사이드 유도체</td><td>알킬에톨시레이트
라놀린알코올에톡기레이트</td></tr>
</table>

⑨ 금속차단제

경수에 섞여 있는 칼슘 이온과 마그네슘 이온이 샴푸 성분과 화학반응을 일으키며 만들어 내는 물때가 생기지 않고 매끄럽게 거품을 일게 하기 위해 사용되며 샴푸의 안정화와 산패를 막는 효과도 있다. 주로 EDTA, NTA, 구연산 등이 사용된다.

⑩ 형광체

모발에 광택을 주기 위해서 형광물질을 첨가시키는데, 이는 눈에 보이지 않는 자외선을 가시광선의 흰 빛으로 바꾸어 반사시키기 때문에 모발이 윤기 나고 빛나 보인다.

⑪ pH 조제

음이온성 계면활성제를 사용할 경우 pH에 의해 색상이나 기포력, 점도 등에 영향을 받으므로 원하는 pH로 조제해야 한다. 주로 인산나트륨, 구연산 등이 사용된다.

⑫ 방부제와 살균제

샴푸의 주성분인 알킬 설포네이트(alkyl sulfonate) 등은 녹농균 등의 박테리아나 미생물이 번식하기 쉬워 샴푸의 변질을 초래할 수 있다.

샴푸가 미생물에 오염되면 혼탁 · 분리 · 침전 · 변색 · 악취 · 변질 · 분해 등이 일어난다. 미생물에 의한 변질은 샴푸의 성분과 수분함량에 따라서 다르나 일반적으로 수분이 많을수록 변질되기 쉽다. 그러므로 살리실산, 파라옥시안식향산메틸, 파라옥시안식향산프로필, 이미다졸리딜우레아, 소르빈산 등을 첨가한다.

⑬ 비듬방지제

비듬은 표피에 있는 각질세포의 지나친 박리, 비듬균의 증식, 피지분비의 이상 현상 등에 의해 발생한다. 따라서 두피에 존재하는 미생물과 비듬균 등을 제거할 수 있는 비듬제거효과가 있는 물질을 첨가한다. 가장 많이 사용하는 것은 징크피리티온(ZPT)으로 피부염치료나 가려움 예방효과가 있다.

⑭ 향료

향료는 천연 동 · 식물 향료와 합성 향료가 있는데 지금까지는 샴푸 및 체취를 제거하는 데 그 목적을 두어 시트러스계의 향이 주로 사용되었으나 고급알코올계 액제 샴푸가 보급된 후부터는 플로럴부케, 천연허벌, 프리티 등으로 바뀌어 왔다.

향료는 향균력이 있다는 사실이 예부터 알려져 있는데 특히 천연정유 중에 시나몬, 세다, 발삼, 터피네올 등은 향균력이 강하다. 박테리아는 정유에 대하여 저항이 약하고 음성균은 저항이 강하다. 단향 중 유게놀, 치몰, 게라니올, 멘톨, 신나믹 알데하이드 등은 1/1,000의 정도에서도 향균력이 있다고 한다.

⑮ 특수성분

최근에 두피와 모발관리에 효능이 밝혀진 천연성분들을 제품에 응용하고 있는데 인삼 · 홍삼 등의 한방 추출물, 호주에서 자라는 멜라루카(Melaleuca), 하와이의 아와푸히(Awapuhi), 중국의 차나무 추출물, 커비시아, 까르탐(Carthame) 등이 있다.

⑯ 비동결제

한랭지에서 동결하거나 결정 시 석출물을 생성하지 않도록 하기 위하여 사용한다.

⑰ 유탁액

크림상태로, 진주광택과 같은 외관은 유탁제의 종류와 첨가량뿐만 아니라 그 입자의 크기에 따라 변하며 유탁액을 배합하는 경우에는 액의 온도와 첨가 방법 등에 따라 결정형이 변하기 때문에 외관과 안정성에 영향을 준다.

표 1-5 샴푸의 용도에 따른 분류와 성분

용도	흡착작용의 형태	흡착작용의 형태
세정제	음이온 계면활성제	알파올레핀아황산염, 아실글르탈염, 홀리옥시에틸렌알킬황산염, 아실메틸타우린염, 알킬황산염 등을 15~20% 정도 사용
	양쪽성 계면활성제	비타민, 그리시네이트
기포안정화제	비이온계면활성제	지방산 알키놀 아마이드, 알킬아민옥사이드, 모노 에탄올아미드
	폴리머	하이드록시 셀룰로오스
유성, 보습 정발제	양이온성 폴리머	양이온화 셀룰로오스, 양이온화 구아검
	유성, 보습	실리콘 유도체, 에스터 오일, 고급지방알코올, 다가알코올, 단백질유도체
외관조정제	펄색제	지방산
	착색제	시용색소
안정화제	방부제	이소치아졸리논, 안식향산
	변색방지제	자외선 흡수제
	금속이온 봉쇄제	EDTA염, 구연산
성상조정제	증점제	수용성고분자(하이드록시셀룰로오스, 카복시비닐폴리머), 지방산 알카놀 아마이드
	pH 조정제	유기산 무기산, 무기알칼리, 유기알칼리
	점도 조정제	무기염, 자일렌아황산염
특수기능성분	비듬방지제	징크피리치온, 피록토올아미
	청량제	멘톨
	모발 및 두피 보호제	비타민유도체, 천연식물 또는 한방추출물, 단백질 유도체
부향제	향료	향
용제	정제수	이온교환수, 역삼투압수

3) 세정작용의 원리

샴푸 도포 시 거품이 일면서 계면활성제가 두피 모발에 침투하기 시작한다. 계면활성제의 친유기가 모발에 붙어 있는 때의 표면에 붙는 것을 '흡착'이라 하고 계면활성제의 작용으로 인하여 물로 제거(헹굼)되지 않는 때를 모발로부터 떨어지기 쉽도록 유도하는 역할을 '가용화'라고 한다. 즉, 샴푸의 알칼리 성분이 모발의 오염 물질이 분해되기 쉽도록 연화 작용을 하는 것이다.

계면활성제의 친유기는 오염 물질과 흡착하고 친수기는 물과 흡착하는데 모발로부터 오염 물질이 떨어지도록 하는 과정을 '유화', 즉 미셀형성이라고 한다. 이때 샴푸의 기포력이 충분하도록 두피를 문지르거나 모발을 비벼 주면 세정 효과는 상승하지만 모발을 과도하게 비비면 손상의 원인이 되므로 주의해야 한다.

계면 활성제가 오염 물질에 흡착하여 다시 모발에 달라붙지 않도록 하는 역할을 '분산'이라 하며 샴푸제와 함께 오염물질이 물과 함께 떨어져 때를 제거하는 것을 '헹굼'이라 한다. 일부 잔류 계면활성제가 모발에 흡착되어 있으므로 깨끗하게 헹구는 것이 중요하다.

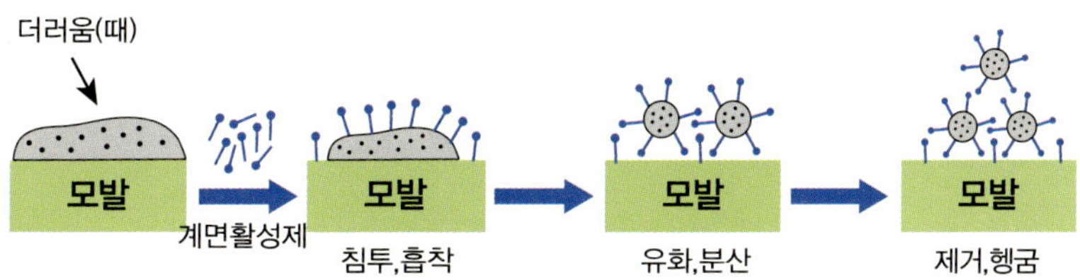

그림 1-6 세정작용의 원리

(5) 샴푸의 종류 및 특성

1) 샴푸의 종류에 따른 분류

샴푸의 종류는 크게 5가지로 나누어진다. ① **플레인 샴푸**(plain shampoo)는 가장 일반적인 샴푸로 비누 또는 합성세제에 물을 사용하는 방법으로 정상모에 적합하나 강한 세정력으로 두피가 거칠어지고 장기간 사용하게 되면 모표피가 손상된다. 손상모에 적합한 ② **스페셜 샴푸**(special shampoo)가 있으며, 치료가 필요할 때 사용되는 ③ **토닉 샴푸**(tonic shampoo) 또는 약용 샴푸가 있다.

또한 특수한 목적에 따라 사용되는 ④ **드라이 샴푸**(dry shampoo)가 있으며, 모발이나 두피를 건강하게 유지하는 것을 목적으로 하는 ⑤ **트리트먼트 샴푸**(treatment shampoo)가 있다.

2) 물의 사용 여부에 따른 분류

모발을 물로 적셔서 샴푸하는 웨트 샴푸(wet shampoo)가 있으며, 물을 사용하지 않는 드라이 샴푸(dry shampoo)가 있다.

3) 시술 순서에 따른 분류

① 프레 샴푸(Pre shampoo)

전처리용 샴푸로 퍼머넌트 웨이브, 염색, 블리치[bleach(표백제)], 헤어 트리트먼트를 하기 전에 하는 샴푸이다. 약제 사용 시 작용을 균일하게 하는 동시에 신속하게 작용되도록 하기 위한 것으로 석유계 샴푸제가 좋다. 두피 자극을 최소화하여 미리 스캘프 트리트먼트를 하는 것이 좋다.

② 애프터 샴푸(After shampoo)

후처리용 샴푸로 염색이나 블리치 등 화학적 시술을 한 후에 사용하는 샴푸로 모발을 비비지 않는 것이 좋고 산성 샴푸가 적합하다.

4) 샴푸와 pH에 따른 분류

산성 샴푸(pH 4~5)는 약한 모발이나 염색모에 적합하며 린스를 생략해도 무관하나 모발의 색을 퇴색시키며 수분함유량이 저하될 수도 있다. 중성 샴푸(pH 7)는 퍼머나 염색 시술전에 주로 사용하며, 알칼리성 샴푸(pH 7.5~8)는 일반적으로 사용되는 샴푸로 세정력이 강하나 모표피를 팽윤 또는 용해시킬 수도 있다.

5) 샴푸의 형태에 따른 분류

고체형과 액체형으로 나누어지며 액체형의 종류로는 오일형(oil), 유액형(emulsion), 페이스트형(paste), 용액형(liquid) 등이 있다.

(6) 이상적인 샴푸의 조건

1) 이상적인 샴푸의 횟수

샴푸 전 두발 상태에 따라 알맞은 세정제를 선택하여 사용한다. 사용 횟수는 개인의 생활 방식이나 두피, 모발의 상태 등에 따라 다소 차이가 있으나 두피 및 모발이 건성이고 머리카락이 손상되어 있을 경우에는 정상보다 샴푸의 횟수를 적게 하는 것이 좋다. 샴푸의 세정력이 강할수록 샴푸의 횟수를 적게 하는 것이 좋으며, 세정력이 강한 샴푸로 자주 샴푸할 시 두피와 모발에 자극을 주어 트러블을 발생시키며 모발 손상의 원인이 될 수 있다. 정상 두피 및 모발일 경우 1일 1회 샴푸를 권장한다.

2) 샴푸 시 물과 온도

샴푸 시 물의 온도는 37~40℃ 정도로 신체 온도와 비슷한 온도의 물이 좋다. 너무 찬물은 거품이 잘 일지 않고 세정력이 떨어지며, 너무 뜨거운 물은 두피와 모발에 자극을 주기 때문에 화상 및 손상을 일으킨다.

샴푸 시 사용되는 물로 지하수는 '경수' 또는 '센물'이라고 하며 우물물이나 지하수의 물은 거품이 잘 일지 않아 세정력이 얕으므로 사용하지 않는 것이 좋다. 연수 또는 단물이라 하는 '수돗물'은 광물질을 소량 포함하고 있으므로 비누의 거품이 잘 일고 부드럽기 때문에 샴푸 시 많이 사용된다.

3) 샴푸 시 주의사항

① 고객 요구에 따라 두피 매니퓰레이션(manipulation)의 강도를 조절한다.
② 물의 온도(37~40℃)를 손목 안쪽으로 확인한 후 행한다.
③ 시술자의 성의가 전달되므로 지압의 강약 등 섬세한 테크닉으로 행한다.
④ 샴푸 시 두발이 팽윤되어 있으므로 조심스럽게 두발을 다루어야 한다.
⑤ 헤어 라인과 후두부 부분을 섬세한 테크닉으로 깨끗하게 행한다.
⑥ 안정감을 주기 위해서는 고객의 심리를 배려할 줄 아는 언행은 필수이다.
⑦ 샴푸제의 양은 모발 길이 20cm 기준으로 100원 동전 크기만큼만 사용한다.

2. 린스

(1) 린스의 목적

린스(rinse)는 샴푸나 비누로 머리를 감은 후 남아 있는 알칼리 성분 제거, 정전기 발생 억제, 용이한 빗질 등으로 모발을 유연하고, 부드럽게 유지시키면서 모발에 자연스런 광택을 부여하고, 살균작용을 하여 냄새의 발생을 억제한다.

린스와 헤어트리트먼트의 일반적인 효과인 컨디셔닝은 모발 내부에 침투하거나 모발 표면에 흡착하여 모발을 부드럽고 유연하게 하는 성분인 양이온 계면활성제와 유분이 주성분이다. 추가적으로 모발에 수분을 공급하여 모발을 유연하게 하는 성분인 글리세린(glycerin) 등이 사용되고, 두피 · 모발 보호제로 케라틴 · 콜라겐 · 식물 추출물 등이 사용되고 있다.

① 윤기의 보충

고급지방산의 칼슘염은 수용액 중에서 약간 해리되며 이 반응은 가역적으로 일어난다. 린스의 성분 중에서 칼슘 이온은 수용성 착물을 만들어 계속 해리 반응이 진행되므로 침전을 없애게 된다. 이러한 반응은 서서히 진행되므로 린스 사용 시에는 모발에 최소 5분 정도 접촉해야 칼슘염이 제거된다.

② 촉감의 증진

모발은 전하를 띠고 있으며 보통 케라틴에는 음전하가 우세한데, 샴푸 뒤에는 더욱 그러하다. 따라서 모발 사이의 음전하의 반발로 손질이 어렵게 된다.

린스에 양이온성 물질을 1% 농도로 넣고 조정제를 함께 넣으면 이런 정전기적인 영향을 줄일 수 있다. 그러나 양이온성 물질은 특히 눈에 해롭기 때문에 린스 후 눈이 충혈되는 경우가 종종 발생되는 단점이 있다.

③ 마무리감의 향상

린스 속 폴리펩티드는 콜라겐을 가수분해하여 얻게 되며 pH6~7에서 흡착량이 최대가 된다. 손상모는 보통 큐티클이 파괴돼 친수성이 강한 모피질이 노출됨으로써 폴리펩티드의 흡착이 쉬워진다. 큐티클에 흡착된 폴리펩티드는 모발을 보호하고 보수성을 제공하여 마무리감을 향상시켜 준다.

④ 보습성과 유연효과

비타민 B 복합체 판테놀도 모발 내부에 침투하여 큐티클에 막을 형성함으로써 탄력을 주어 손상을 막는다. 린스의 주성분인 레시틴은 난황과 대두의 유도체(계란노른자와 콩)로 모발에 부착하여 보습성과 유연 효과를 나타낸다.

⑤ 자연적인 광택의 부여

린스 성분 중 유성 성분은 샴푸의 탈지력을 억제하고 유분을 모발 표면에 보급하여 피막을 형성한다. 이 피막은 모발의 수분 증발을 막아서 촉촉함을 주며, 빗질할 때의 기계적 마찰에 대한 보조 작용을 지연함으로써 자연적인 광택을 준다.

⑥ 손질의 용이

양이온 계면활성제는 정전기 방지, 빗질의 수월함, 촉촉함 등의 장점이 있다. 그러나 샴푸에 양이온 계면활성제를 첨가하면 복합염을 생성시켜 기포가 생성되어 양이온성도 상실하여 효과가 떨어진다.

⑦ 손상모의 예방

린스가 모발의 표면 모표피에 부착하여 마찰저항을 2~4배 감소시켜 모발을 보호하고 손상을 예방한다.

⑧ 대전 방지효과

양이온 계면활성제는 모발 케라틴과 이온결합을 하여 강하게 흡착함으로써 모발 표면에서 정전기 발생을 억제하고 살균력이 있으며 대전방지 효과가 높아 린스제와 트리트먼트제에 사용한다.

(2) 린스의 종류

① 플레인(Plain) 린스

일반적인 린스 방법으로 물로만 헹궈 주는 것을 말한다. 두발에 남아 있는 불용성 및 알칼리성을 중화시키고 금속성 피막을 제거하며 두발의 엉킴을 방지하고 건조를 예방한다. 물의 온도는 38℃ 정도의 연수를 사용하는 것이 좋다.

② 유성(Oil) 린스

유성 린스는 두피의 살균 작용을 도우며 두발에 부드러움을 준다. 파마 · 염색 · 탈색 시술 시 오버 타임으로 두발이 손상된 경우, 합성세제를 사용하여 샴푸를 행하였을 경우 또는 두발이 지나치게 건조할 때, 행하는 방법이다. 두발에 피막을 형성하여 광택을 주고 대전 방지에 효과가 있다.

③ 산성(Acid) 린스

산성 린스는 모발의 pH를 조절해 주는 역할을 한다. 파마와 염색 후 알칼리 성분을 중화시키는 작용을 하고 형성된 금속성 피막을 제거한다. 강산성의 경우 모발이 표백되거나 단백질이 응고되어 뻣뻣해질 수 있으므로 장기간 사용은 피한다.

④ 약용(Medicinal) 린스

비듬이나 두피의 질환을 낫게 해주는 효과가 있으며 두발을 보호해 주는 치료 보호제 린스이다. 의약에서처럼 약으로 쓰이는, 즉 환자들을 위한 치유력이 있는(curative) 위생적이고 건강에 좋은 약용 린스를 말한다.

표 1-6 린스의 종류

플레인 린스	• 콜드프로세싱 후 씻어내는 중간린스
산성린스	• 레몬(lemon) 린스 : 레몬즙을 5~6배 희석시킨 것 • 구연산(citric acid) 린스 : 구연산결정체 1.5g을 온수에 탄 것 • 비니거(vinegar) 린스 : 식초 및 초산을 10배 정도 희석
유성린스	• 오일 린스(oil rinse) : 올리브유 등을 따뜻한 물에 타서 헹구는 방법으로 건성모에 적합하다. • 크림 린스(cream rinse) : 가장 일반적인 형태이며 두발이 엉키지 않아 빗질이 용이하고 대전성을 방지하기 위해 제4급 암모늄염을 첨가한다.
약용린스	• 약용 린스 : 비듬 및 두피질환 치료와 두발에 탄력을 주는 효과가 있다. • 메디시날(medicinal) 린스

(3) 린스의 성분

린스는 모발에 탄력과 유연성을 주며 피질 층에 수분을 공급하여 광택을 내며 큐티클 손상을 예방한다. 콜라겐이나 엘라스틴과 같은 보습제 · 습윤제 · 유성 성분이 함유되어 있어 내부로 쉽게 침투되며, 수분 공급과 손상모에 대한 영양 공급 및 모발의 탄력성을 높인다.

① 보습제

글리콜류가 자주 사용된다. 이 중 글리세린은 모발에 흡착하여 헹군 후에도 잔존해 보습효과를 주며 폴리프로필렌글리콜 · 올레일 · 에테르 · 모노부틸에테르 등도 효과가 있다.

② 모이스처 라이저

뮤코폴리사카라이드(mucopoly saccharides), 글리코사미노글리칸(glycosaminoglycan), 히알루론산(hyaluronic acid), 나프카(napca), 글리세린(glycerin), 솔비톨(sorbitol), 프로필렌 글리콜(propylene glycol) 등이 있다. 이들 성분은 모발의 수분공급, 수분유지, 수분흡수 기능을 갖는다.

③ 유성 성분

린스가 유연한 감촉과 자연스런 광택을 주는 이유는 린스 내의 유성 성분이 지방분을 보급하여 모발 표면에 피막을 만들기 때문이다. 이 피막이 모발의 수분 증발을 막아주고 촉촉한 감을 주며 빗질할 땐 마찰로부터 모발을 보호하여 매끄러움과 광택을 준다.

④ 라놀린유(Lanolin oil), 미네랄유(Mineral oil)

식물성 기름 등은 수분 증발 방지용 성분 겸 모발 광택용 성분이 있다.

⑤ 디메티콘(Dimethicone), 시클로메티콘(Cyclomethicone)

실리콘유(silicon oil)로 모발의 광택용 성분 중 최고로 꼽힌다. 이것은 마치 모발에 수만 개의 거울을 첨가한 것과 같은 효과를 낸다.

⑥ 항산화제(Antioxidant)

비타민 A, C, D, E가 사용된다.

⑦ 판테놀(panthenol)

비타민 B 복합체로서 모발을 재생시키는 것으로 알려져 왔다. 모발의 노화를 방지하고 백모 및 회색 모발을 검게 재생시킨다고 하여 흔히 모발 영양제라고도 불린다.

⑧ 발삼(balsam)

1970년대에 선풍적 인기를 끌었던 성분으로, 남미 페루와 중앙 아메리카에서 자생하는 발삼이라는 식물에서 채취한 수지로 만든다. 향기가 좋아 화장품에 널리 쓰인다.

⑨ AHA와 요소(urea)

AHA는 모발에 산성 균형을 맞추고 모발 속으로 침투함으로써 외부의 수분을 흡수하는 기능 역시 우수하여 1990년대에 가장 각광받았던 성분인데, 구연산(citric acid) 성분인 레몬은 모발을 단단하게 하고 광택과 유연성을 주어 고대 로마시대부터 애용되었다. 민속 요법으로 서양에서는 모발을 부드럽게 하기 위해 레몬주스(lemon juice)로 모발을 감았다. 요소 역시 같은 기능을 가지고 있다.

⑩ 알란토인

보습제로 쓰이는 알란토인이 비듬방지제(antidandruff)로 사용된다.

3. 트리트먼트

(1) 트리트먼트의 정의

트리트먼트의 사전적인 의미는 '치유, 처치, 치료' 등을 뜻하나 미용 분야에서는 크게 영양공급의 의미로 받아들여지고 있다. 모발 트리트먼트는 열모 · 절모 · 지모 등의 손상된 모발을 어느 정도 정상적으로 만들어 주는 헤어 리컨디셔닝의 의미는 물론 손상된 모발을 커트하는 헤어 클리핑까지 포함하는 포괄적인 의미를 갖고 있다.

건강한 모발일지라도 파마와 염색 등 화학적인 적용과 샴푸, 샴푸 조작 불량, 드라이어의 열, 빗질, 자외선, 대기오염 등으로 인해 모발 내의 간충물질이 빠져나가 다공성 모발이 되어 탄력과 윤기가 없어지고, 그대로 방치해 두면 더욱 손상되어 갈라지거나 끊어진다.

이와 같이 손상으로 생기는 모발의 변화는 일시적인 현상이 아니라 지속적으로 일어나고 있는 변화이기 때문에 트리트먼트의 개념도 일시적인 치유가 아닌 지속적인 관리의 개념이 되어야 한다. 한 번 손상된 모발은 스스로 회복을 하지 못하기 때문에 손상을 미리 방지하는 효과를 비롯하여 건강한 모발을 유지해 주는 효과가 있어야 한다.

(2) 트리트먼트의 목적

모발 트리트먼트는 손상된 모발과 건강한 모발에 수분과 유분을 보급하고 광택과 활력, 유연성을 줌으로써 빗질이 잘되게 하여야 하고, 모발과 친화력이 있어 내부 케라틴과 결합하여 손상을 방지할 수 있어야 한다. 또한, 정전기 발생을 억제, 방지하는 효과가 있어야 하며, 모발의 표면을 보호하여 윤기를 주어야 하고, 모발의 물리적인 특성을 강화시켜 줄 수 있어야 한다.

(3) 트리트먼트의 역할

① 모표피의 유막 형성
② 모표피의 수지막 형성
③ 모피질로부터 유출된 간충물질의 보급

(4) 트리트먼트의 조건

① 모발을 유연하게 하며 빗질을 잘 되게 하여야 한다.
② 모발 내부의 손상된 케라틴을 복구하고 회복하는 기능이 있어야 한다.
③ 정전기 발생을 방지하고 회복하는 기능이 있어야 한다.
④ 모발에 일정한 수분을 유지시켜 주어야 한다.
⑤ 모발의 표면을 보호하며 윤기를 주어야 한다.
⑥ 모발의 물리적인 특성을 강화시켜 주어야 한다.

(5) 트리트먼트의 종류

헤어 트리트먼트제에는 그 사용목적, 사용방법, 형상에 따라 몇 가지 종류가 있다. 사용목적에 따른 분류를 보면 모발의 건강을 유지하고 손상으로부터 예방하기 위해 아침, 저녁 머리손질에 사용하는 트리트먼트제, 손상모의 진행을 방지하고 회복시키는 트리트먼트제, 퍼머넌트 웨이브나 염색 등을 시술할 때 손상부에 도포하여 약제로부터 모발을 보호하기 위한 프레 트리트먼트제로서 모발 구조 보수제나 일광의 자외선에 의한 모발의 단백이이나 염색모의 퇴색을 방지하기 위한 자외선 흡수제 등을 배합한 트리트먼트제가 있다.

표 1-7 형태에 따른 트리트먼트의 종류

크림 타입	가장 많이 사용하는 타입으로 일부 제품을 제외하면 모두 헹구어내는 타입이다. 유분과 수분의 함량에 따라 W/O형과 O/W형이 있다.
유액 타입	크림보다 약간 더 묽은 형태로 모발에 균일하게 도포되고 흡수력도 매우 좋다.
액상 타입	연약한 모발에 힘이나 탄력을 주기 위해 폴리펩티드를 고농도로 배합한 것으로 건조하여 광택이 없는 모발에 유분을 공급한다.
스프레이 타입	사용이 간편하고 특별히 씻어 내지 않아도 되며 끈적임이 덜하며 청량감을 주는 형태이다. 주로 드라이어를 사용하게 되는 단계에서 모발에 뿌리고 마무리하는 용도로 사용한다.

(6) 트리트먼트의 구성 성분

① 대전 방지제

대표적인 것으로 양이온 계면활성제나 양이온성 고분자 화합물 등이 있다. 이들은 모발 케라틴 단백질과 친화력이 강하여 모발이 (−)로 대전한 곳에 흡착하여 정전기를 방지한다.

② 유지류

모발표면을 유성의 피막으로 덮어 수분의 증발, 건조를 막고 광택을 준다. 라놀린, 밍크오일, 콜레스테롤, 올리브유, 동백유, 밀랍, 피마자유, 스테아르산, 스쿠알렌 등이 있다.

③ 습윤제

모발이 수분을 지니도록 하여 부드러운 느낌과 촉촉한 느낌을 주는 목적으로 사용한다. 글리세린, 프로필렌 글리콜, 소르비트 등이 있다.

④ 모질 개량제

모발에 흡착되거나 침투하여 손상부위의 수정이나 연모에 힘을 주거나(폴리펩타이드, 합성수지), 경모에 부드러움을 줌과 동시에(양이온 계면활성제, 치오글리콜산염) 손상으로부터 보호하는 목적으로 사용된다.

⑤ 계면활성제

4급 암모늄기가 결합된 양이온성 계면활성제가 주로 사용된다.

⑥ 기타

가수분해 단백질, 비타민, 비듬, 가려움 방지제[징크피리티온(Zinc pyrithione), 맨톨(menthol)], 자외선 흡수제 등을 혼합할 수도 있다.

표 1-8 린스, 컨디셔너 및 트리트먼트의 차이점

구분	내용
린스 (rinse)	• 샴푸 과정에서 씻겨져 나가는 지질, 보습성분 등과 같은 모발 보호성분을 보충하고, 모발 표면을 부드럽고 매끄럽게 하여 엉킴과 늘어짐을 방지
컨디셔너 (conditioner)	• 모발을 건강한 상태로 유지 • 린스보다는 집중적으로 영양 성분을 공급하며, 씻어내는 타입(rinse type)과 씻어내지 않는 타입(no-rinse type)으로 구분
트리트먼트 (treatment)	• 효과와 사용법 면에서는 컨디셔너와 유사함 • 손상모 또는 극손상모를 대상으로 하며 모발 보호성분의 함량이 높고 지속력이 좋다. 충분한 영양공급으로 모발에 윤기를 주고, 손상된 모표피를 부드럽게 감싸 준다.

Check point

건강모를 위한 모발관리법

① 젖은 모발은 완전히 말린 뒤에 빗질한다.

② 샴푸 후 블로 드라이보다는 타월 드라이를 한다.

③ 샴푸 시 곱슬머리, 펌 웨이브는 찬물로, 모량이 많은 머리는 따뜻한 물로 헹군다.

④ 헤어 스타일링 제품은 모발의 물기가 완전히 제거된 뒤에 도포한다.

⑤ 미역이나 다시마 등의 해조류와 호두, 땅콩 등의 음식은 모발 성장을 돕고, 커피, 홍차, 당분이 많은 음식은 성장을 저해한다는 점을 기억한다.

(7) 일상생활 속의 헤어 트리트먼트

① 브러싱

강하고 과도한 브러싱을 하게 되면 모표피가 손상될 수 있으므로 부드럽고 적당한 브러싱을 해야 한다. 때문에 브러싱을 할 때에 에어졸 타입이나 가벼운 액상 타입의 헤어 리퀴드제나 트리트먼트제를 미리 도포하여 시술하면 모발이 엉키지 않고 정전기도 방지할 수 있다.

② 블로 드라이

블로 드라이(blow dry) 시술 시에는, 고온에서 모발의 단백질이 변성되거나 건조될 수 있기 때문에 드라이어의 온도조절과 거리를 적당히 유지해 주는 것이 좋다.

③ 펌 웨이브 또는 염색모발의 관리

펌 또는 염색모발은 모두 화학약품에 의해 모발이 자극을 받은 상태이므로 시술 후의 관리가 반드시 필요하다. 따라서 트리트먼트제로는 약산성 제제가 좋으며, 또한 폴리펩티드가 함유되어 있어 손상된 부위에 흡수가 잘 되는 액상 타입의 제품이 적당하고, 모발도 젖은 상태보다 건조한 상태로 유지하는 것이 좋다.

④ 샴푸

모발의 손상은 의외로 샴푸로 인한 것이 많다. 손상의 원인으로는 샴푸물의 온도, 샴푸제의 양, 샴푸 동작, 헹굼 정도와 같은 샴푸 시술에 의한 원인 외에도 샴푸 후 모발을 건조하는 방식에 따라서도 모발손상의 원인을 발견할 수 있다.

모발 건조는 샴푸 후 자연 건조시키는 것이 가장 좋은 방법이겠지만 타월 드라이가 제대로 되지 않은 젖은 모발을 장시간 헤어드라이어로 급하게 건조시킨다면 모발은 매우 건조해지는 현상을 나타낼 수 있다. 따라서 샴푸 후 충분한 타월 드라이로 모발을 건조시켜 모발 자체의 수분을 지킬 수 있도록 하는 것이 모발관리에 가장 적합하다.

⑤ 강한 자외선, 바닷물 및 소독용 약품에 의한 손상

여름철 강한 자외선, 바닷물의 염분 또는 바닷바람, 그리고 수영장과 같은 공공시설에 사용되는 소독용 약품은 모발을 거칠게 하고 윤기를 잃게 한다. 그렇기 때문에 이와 같은 요인에 노출되었을 때는 모발에 이런 성분이 남아 있지 않도록 깨끗하게 샴푸한 후 충분한 모발 관리를 해주어야 한다.

(8) 헤어 트리트먼트의 시술방법

헤어 트리트먼트는 손상된 모발에 필요성분을 보충하고, 모발을 더 이상 손상되지 않도록 보호해 준다. 트리트먼트의 횟수는 모발의 손상이 심할 경우에는 매일 1회 또는 이틀에 1회, 건강모일 경우에는 주 1회가 적당하다. 트리트먼트 방법으로는 피지가 부족한 모선을 중점적으로 트리트먼트제를 도포하고, 지성 두피나 모발에 힘이 없는 경우에는 두피에 닿지 않도록 주의하여 도포한다.

① 정상 모발

구분	내용
준비도구	모발에 적합한 샴푸제, 헤어 트리트먼트 제품, 빗, 브러시, 히팅캡(heating cap), 적외선램프, 헤어 스티머 등
시술과정	• 어깨보를 두른다. • 모발에 헤어트리트먼트제를 도포하고 브러싱한다. • 모발의 상태에 따라 샴푸제를 선택하여 샴푸하고 잘 건조시킨다. • 적당량의 모발을 슬라이스하여 두피 및 모발에 헤어 트리트먼트제를 도포한다. • 스캘프 매니플레이션을 행한다. • 비닐캡을 씌우고, 트리트먼트제와 수분을 흡수시키기 위하여 비닐캡 안으로 스팀을 공급해 주는데, 이때 사용되는 기구로는 히팅캡이나 적외선램프, 헤어 스티머 중 하나를 선택하여 10~15분간 열처리를 한다. • 적당량의 모발을 슬라이스하여 양손의 엄지와 검지 그리고 중지에 모발을 끼우고 슬라이스 전체를 모근에서부터 모선을 향하여 부드럽게 쓸어 내린다. 각 슬라이스마다 3번 정도 반복하여 두상 전체에 시술한다. • 충분히 흡수되었으면 미지근한 물로 플레인 린스하고 마무리 스타일링한다.

② 탈모 모발

준비도구	모발에 적합한 샴푸제, 빗, 브러시, 필요약제, 적외선램프, 고주파 전류기 등
시술과정	• 약 5분 동안 부드럽게 브러싱한다. • 의사의 처방에 따른 약제를 골고루 도포한다. • 약 5분 동안 적외선램프를 사용한다. • 스캘프 매니플레이션을 행한다. • 부드럽게 샴푸하고 타월 드라이한다. • 약 5분 동안 고주파 전류를 사용한다. • 약제를 도포한다. • 목, 어깨 등의 윗부분에 이르기까지 스캘프 매니플레이션을 행한다. • 모발을 건조시키고 마무리 스타일링한다.

(9) 트리트먼트용 도구 및 기기

① 헤어 스티머(hair steamer)

헤어 스티머는 수증기를 이용한 것으로 기계 안쪽에 물을 담는 통이 있고, 그 물이 가열되면서 뜨거운 기체, 즉 수증기가 되어서 후드로 나오게 된다. 헤어 스티머에서 발생되는 수증기는 모발에 수분과 열을 공급해 줌으로써 모발을 더욱 부드럽고 촉촉하게 해 주는 역할을 한다.

② 두피용 스티머(steamer)

두피를 따뜻하게 하여 두피에 묻어 있는 때나 먼지를 들뜨게 하거나 두피에 도포된 내용물의 흡수를 돕기 위하여 사용된다.

③ 두피관리용 브러시

일반 브러시와는 달리, 두피관리용 브러시는 빗살 끝이 둥글게 처리된 것이 특징이며, 두피의 혈액순환을 돕고 마사지 효과를 주기 위한 것이기 때문에 두피에 적당한 자극을 주는 형태가 적합하다. 또한 내부가 쿠션 처리되어 있어 브러시째로 두피를 두들기면 시원한 느낌과 마사지 효과를 함께 볼 수 있다.

④ 고주파 전류기

고주파 전류기는 1초당 10만 Hz 이상의 주파수가 전기적 자극을 가하는 것으로 두피용과 얼굴용으로 나뉜다. 두피용은 마치 빗질하듯이 두피를 촘촘하게 빗어 내려가면 된다.

⑤ 적외선 램프

적외선(파장 760nm 이상)은 일종의 열선으로 침투력이 강해 피부 깊숙이 영향을 주어 혈액순환과 신진대사 촉진에 도움이 된다. 적외선 램프는 이와 같은 열선을 이용한 것으로 붉은 빛이 나면서 많은 열을 발생시켜 두피의 혈액 흐름을 돕고 모표피를 열어 트리트먼트제의 흡수를 돕는다.

⑥ 자외선 램프

자외선이 발생되므로 소독효과를 나타낸다. 자외선은 적외선처럼 열이 발생되지 않아 뜨겁지는 않아도 눈과 피부에 자극을 주고 멜라닌 색소를 침착시킬 수 있으므로 이에 대한 사전준비를 거친 후 시술에 들어가는 것이 좋다. 다시 말해, 눈을 보호하기 위한 안대와 피부보호를 위한 자외선 차단 크림을 바른 후 시술에 들어간다.

⑦ 오존(O_3)발생기

모발의 큐티클 층을 깊숙이 침투할 수 있는 3μm 이하의 미세한 수분 입자, 즉 미스트(mist)를 만들어 모발 내부 깊숙이 수분과 영양분을 공급함으로써 손상된 모발을 복원시켜 준다. 오존의 역할로 빠른 중화(산화)작용을 촉진시키는 것은 물론이고 파마와 염색 시 모발에 남아 있는 알칼리 성분을 제거하고, 남아 있는 약품냄새를 완전히 제거하며, 비듬 제거 및 탈모 예방에 탁월한 효과를 준다.

2. 두피 마사지

1. 두피 마사지

마사지는 크게 두피 마사지와 모발 마사지로 나눌 수 있다. 두피 마사지는 두피의 경혈점을 자극하여 모발에 직접 영양을 주거나 두피의 혈액 순환을 촉진시켜 신진대사를 높이고 영양공급을 활성화한다. 모발 마사지는 모발의 모간 부분에 집중적으로 영양분을 공급하고 보호막을 형성시켜 모발이 윤기 나고 건강한 상태가 되도록 한다.

(1) 두피의 혈점

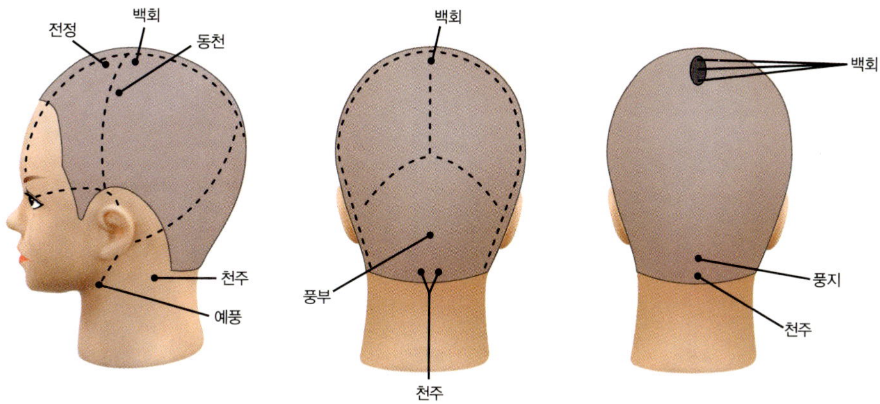

① **전정** : 모발의 윤기와 탄력, 두통, 어지럼증

② **백회** : 뇌출혈, 중풍, 현기증, 불면증, 혈액순환 촉진

③ **동천** : 생리불순, 혈액순환, 두통

④ **풍부** : 근육이완, 혈액순환, 불면증

⑤ **풍지** : 감기, 현기증, 불면증, 혈액순환 촉진

⑥ **천주** : 두통, 목 부위의 경직, 통증

⑦ **예풍** : 두통, 노폐물 배출

⑧ **태양(관자놀이)** : 눈 맑아짐, 두통

(2) 두피 마사지의 기본 테크닉

① 주무르기

양쪽 손바닥을 편 채 손 끝에 힘을 주어 두피를 강하게 누르면서 손을 나선형으로 움직이는 방법

② 누르기

양쪽 손바닥을 펴고 손바닥에 힘을 주어 머리를 세게 눌렀다가 순간적으로 힘을 빼는 방법

③ 문지르기

손끝으로 두피를 문지르는 방법

④ 두드리기

손끝을 두피에 수직이 되게 하고 손목을 움직여서 그 반동을 이용해 손끝으로 가볍게 두피를 두드려 주는 방법

(3) 두피 마사지 순서

1) 준비 단계

① 두피 마사지에 들어가기 전에 어깨와 목 주위의 근육을 마사지하여 이완시킨다.
② 귀 주위에 있는 경혈을 중심으로 지압한다.
③ 눈 주위에 있는 경혈을 중심으로 지압한다.
④ 시술 전 모델의 모발이 엉키지 않도록 가볍게 빗질한다.
⑤ 빗질의 방향은 전두부에서 후두부 방향으로 한 다음에 모발 전체를 역으로 빗어서 끌어 올리는 방법을 병행하여 실시한다.

2) 시술 과정

① 4 부분으로 블로킹한다.

② 2~3cm 간격으로 슬라이스하여 각 라인별로 처방 제품을 도포한다(엄지손가락을 이용하여 제품 도포한 부위를 지긋이 눌러 약액이 두피에 잘 침투할 수 있도록 한다).

③ 약액 도포가 끝나면 다시 한 번 가볍게 빗질하여 모발을 정리한다.

④ 전두부에서 시작하여 헤어라인을 따라서 좌 · 우 귀를 향하여 마사지한다. 특히 경혈이 있는 곳에서는 3회 연속 지긋이 눌러서 지압한다.

⑤ 다시 전두부에서 두정부를 향하여 지압하면서 마사지한다.

⑥ 좌 · 우 측두부에서 시작하여 두정부를 향하여 지압하면서 마사지한다. 후두부에서 두정부를 향하여 마사지한다.

⑦ 두피 마사지 기본테크닉을 변형시켜 가면서 반복한다.

⑧ 두피 마사지가 끝난 다음에 목과 어깨의 근육을 다시 한번 풀어주고 모발을 정리한다.

3. 샴푸 테크닉

두피와 모발의 상태에 따라 제품을 선정하고 물의 온도, 샴푸의 양, 린스의 양, 샴푸 동작, 린스 동작, 헹굼 정도, 모발 건조법 등을 적절하게 적용하여 시술한다. 물의 온도가 지나치게 뜨거우면 두피와 모발이 건조해지기 쉬우므로 미지근한 물을 사용하고, 샴푸의 양은 모발 길이에 따라 차이가 있으나 100원 짜리 동전 정도가 적당하며 두피에 직접 바르는 것보다 손에서 거품을 만들어 마사지하듯 문지르는 것이 좋다.

손가락 지문을 이용하여 자극을 최소화하고 충분히 헹궈서 두피와 모발에 잔여물이 남지 않게 한다.

1. 샴푸 시술 시 주의사항

① 각종 핀과 장신구를 제거하여 보관한다.
② 타월과 넥 스트랩을 고객의 어깨에 착용하여 옷과 피부를 보호한다.
③ 모발 엉킴과 오염물질 등을 제거하기 위해 브러싱한다.
④ 안면 가리개를 착용하고 치마를 입은 여성은 무릎 가리개로 덮어 준다.
⑤ 물의 온도를 확인한 후에 물이 튀지 않도록 주의하며 행한다.
⑥ 샴푸를 손에서 충분히 거품을 내어 두피와 두발 전체에 골고루 도포한 후 문지른다.
⑦ 두피 전체를 다양한 테크닉으로 마사지를 한다.
⑧ 헹굼 처리는 신속하고 깨끗이 한다.
⑨ 적당량의 린스를 모발 전체에 골고루 도포한 후에 린싱한다.
⑩ 타월로 물기를 제거하고 어깨 등을 지압해 준 후에 시술 의자로 안내한다.

2. 샴푸 시술 순서

① 고객을 경대에서 샴푸실로 안내하여 샴푸대에 편안하게 착석할 수 있도록 돕는다. 먼저 어깨에 수건을 두르고 그 위에 샴푸보를 둘러서 샴푸 시 물이나 제품이 튀거나 옷 안으로 새는 것을 방지한다.

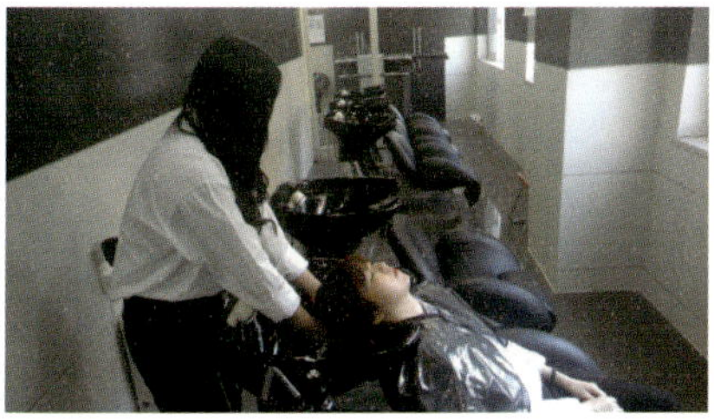
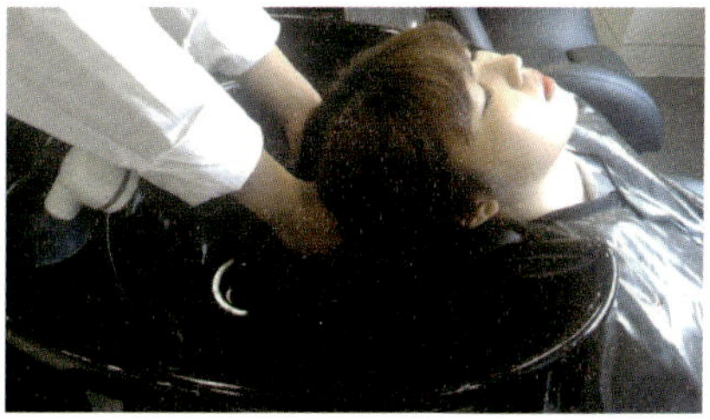

② 고객이 샴푸대에 편히 누울 수 있도록 목 뒤를 받쳐 주며 눕힌다. 이때 샴푸대에 누운 고객이 편안한지 확인한다.

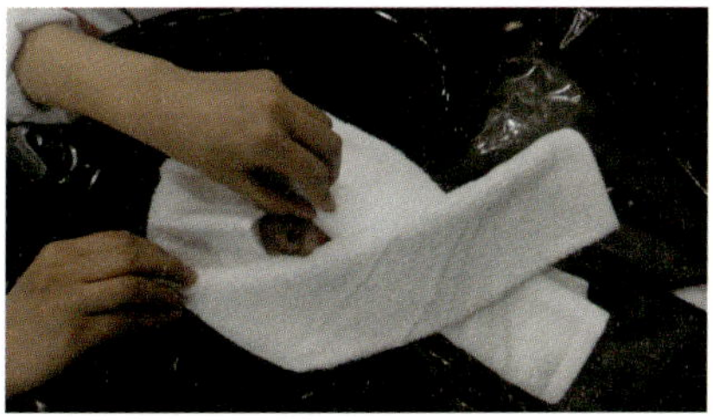
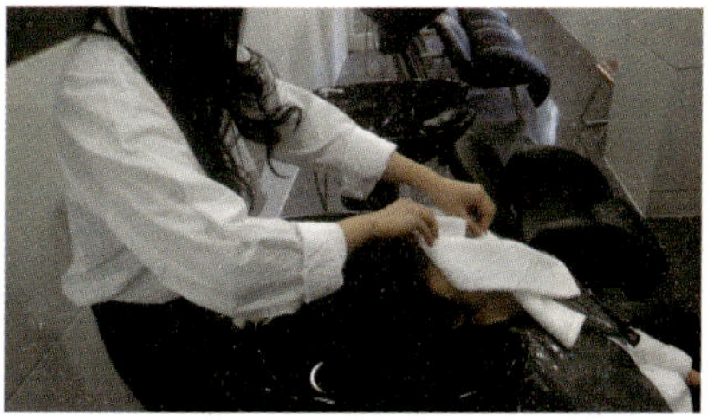

③ 고객의 얼굴에 페이스 타월을 올려 제품이나 물이 튀는 것을 방지하고 빛을 가려 고객에게 편안함을 준다. 이때 코가 가려지면 숨쉬기가 편안하지 않으므로 코는 열어 둔다.

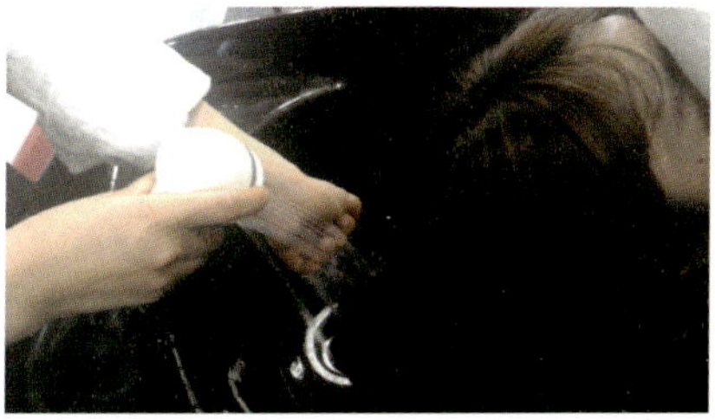
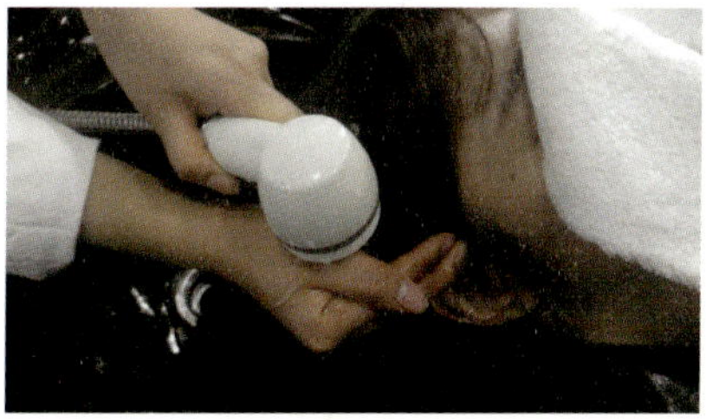

④ 샴푸의 시작을 알리고 물을 틀어 시술자의 손목으로 물의 온도를 체크한다. 물의 온도는 사람의 체온과 비슷한 37~40℃ 정도로 사용하며 고객의 귀 뒷부분에 살짝 물을 대고 온도가 괜찮은지 물어본 후 고객이 괜찮다고 하면 본격적으로 샴푸를 시작한다.

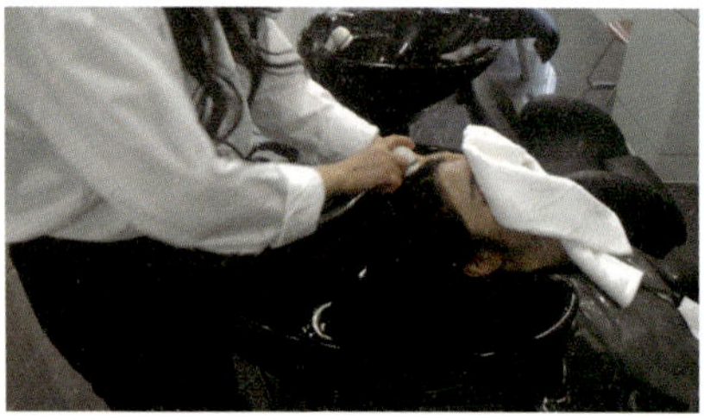
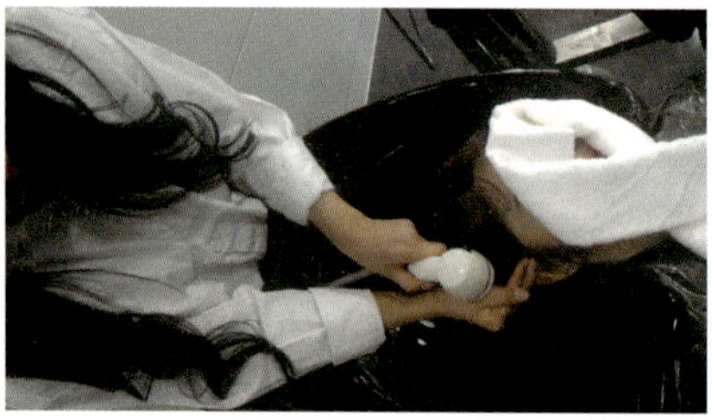

⑤ 샤워기를 이용하여 두피와 두발 전체를 골고루 적신다. 귓속에 물이 들어가지 않도록 주의한다.

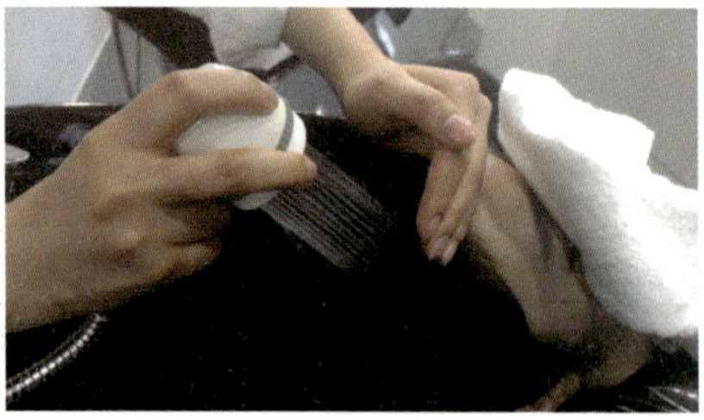
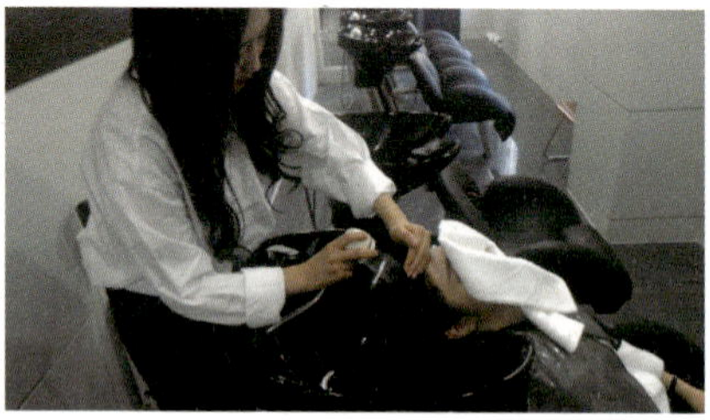

⑥ 헤어라인 쪽은 손을 넓게 세워서 얼굴로 물이 흐르거나 튀지 않도록 한다.

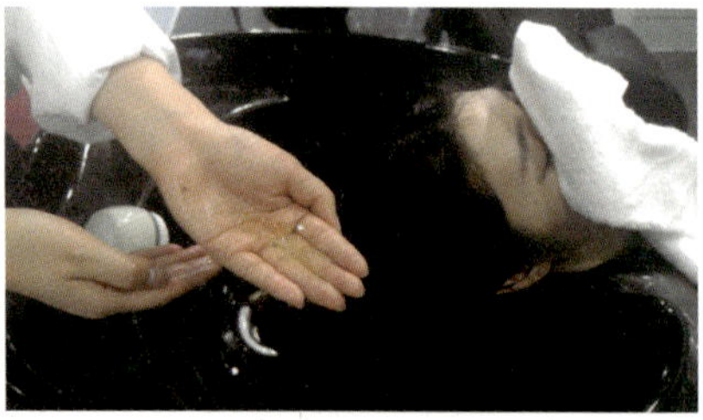
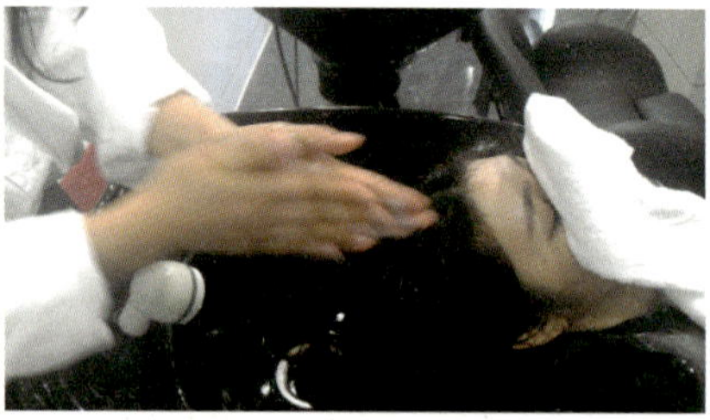

⑦ 샴푸제는 두발의 길이에 따라 양을 달리 한다. 어깨보다 짧으면 100원 짜리 동전만큼, 그보다 길면 500원 짜리 동전만큼 담아서 손바닥에서 블렌딩한다.

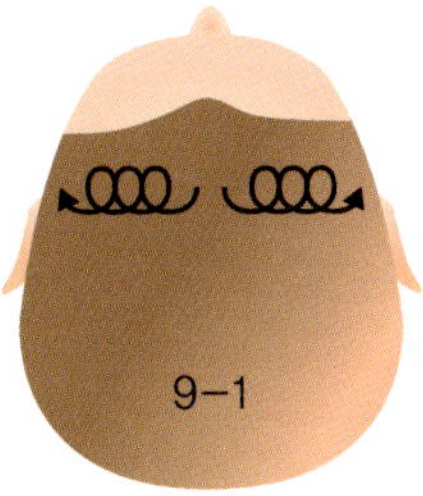

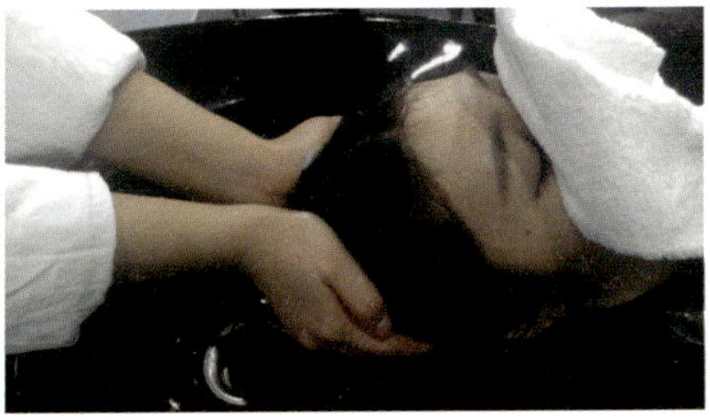

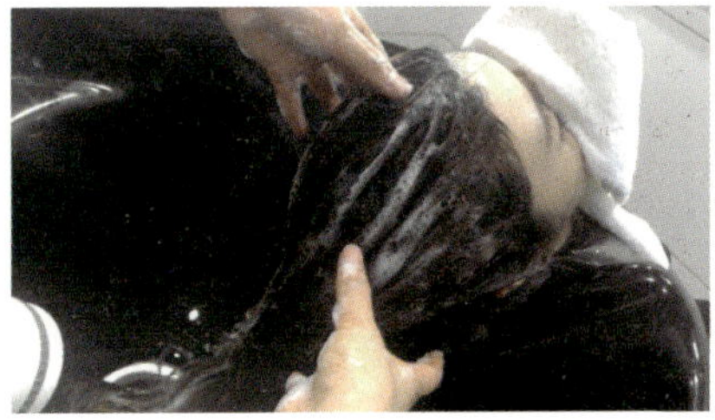

⑧ 손바닥을 넓게 펴서 두상과 두발 전체에 샴푸제를 골고루 도포한 후 충분한 거품이 생길 수 있도록 한다. 이때 거품이 잘 일어나지 않으면 샤워기로 물을 보충하거나 샴푸제를 소량만 더 사용하도록 한다.

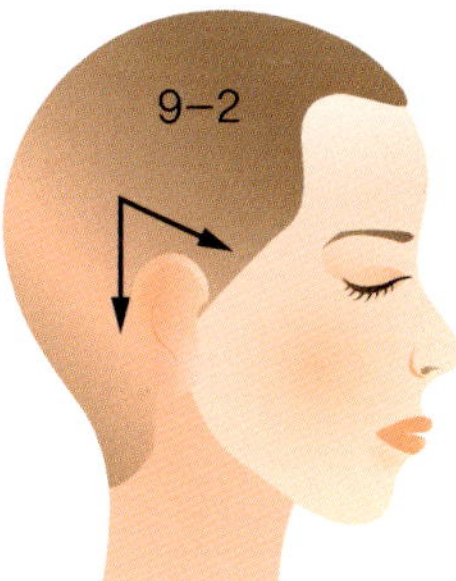

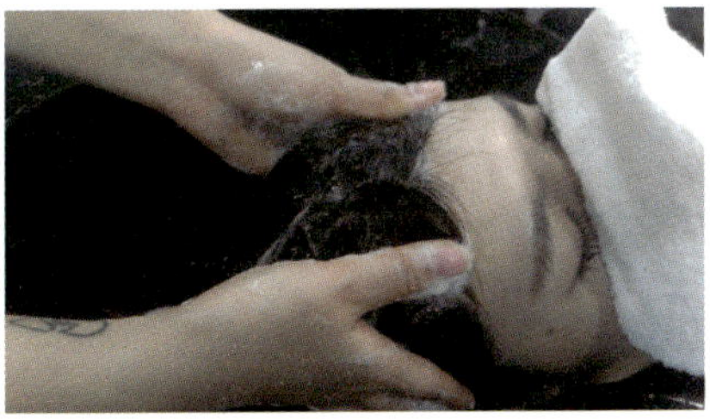

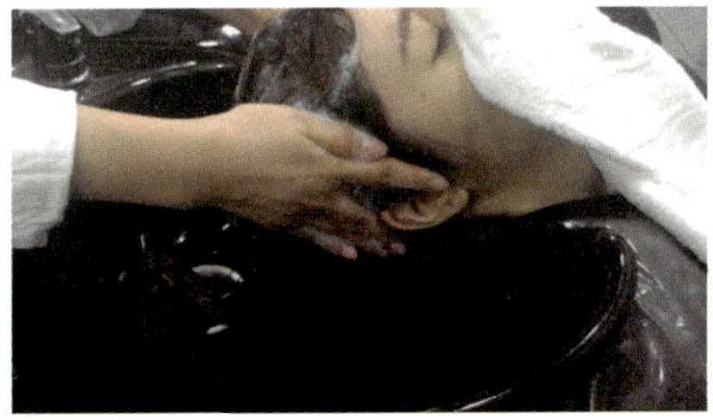

⑨ 거품이 충분히 생기면 엄지손락으로 헤어 라인을 굴려 준다. 센터포인트에서 이어포인트까지 좌우로 굴려 준다. 검지와 중지를 벌려 귀 사이로 구레나룻과 귀 뒷머리를 문지른다.

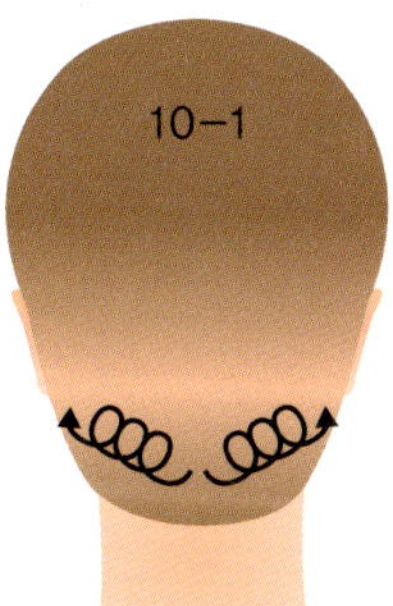

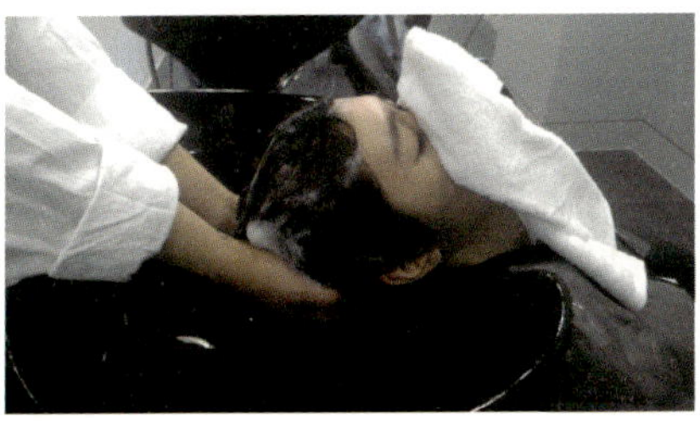

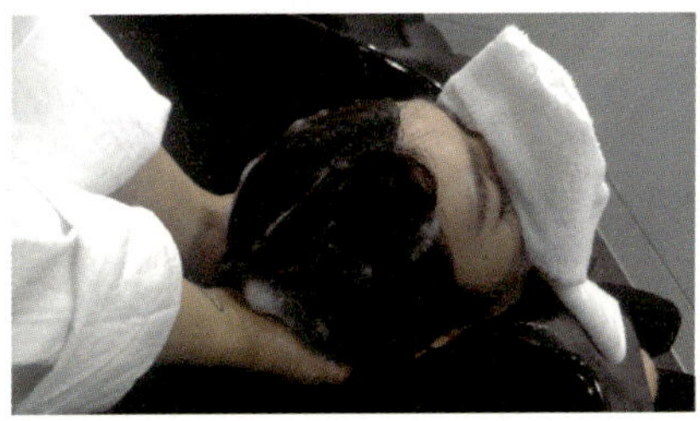

⑩ 검지, 중지, 약지를 이용해 네이프 라인(nape line)을 굴려 준다.

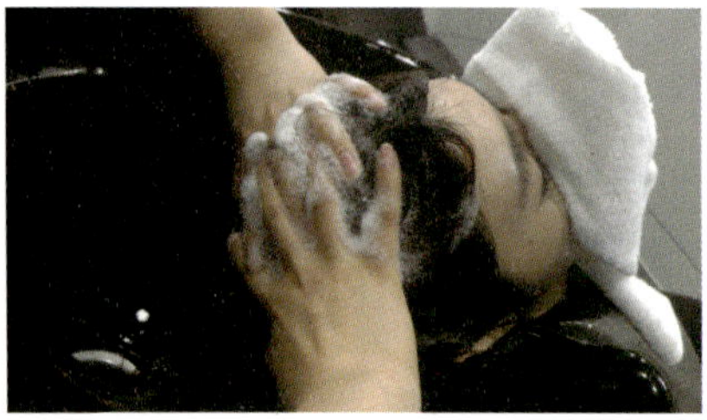
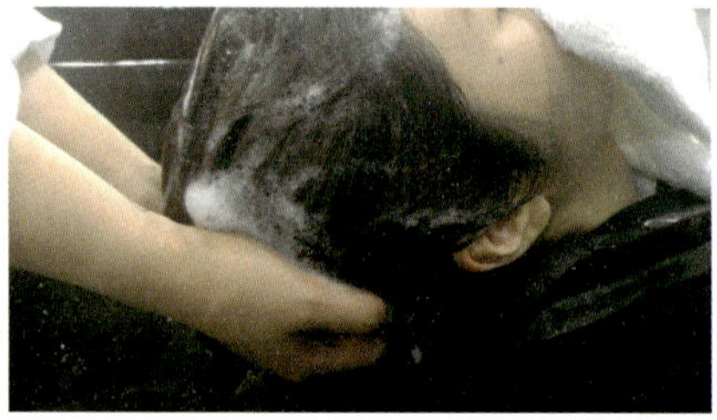
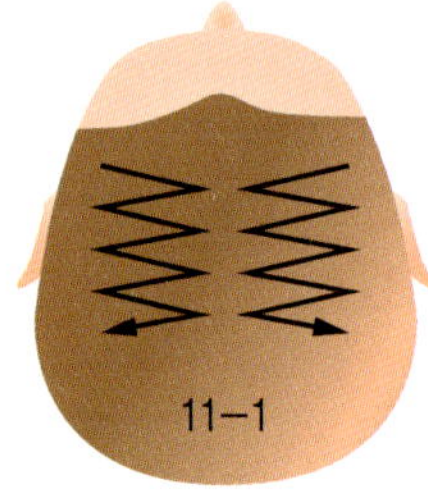

⑪ 전두부에 손가락을 교차하여 깍지끼듯 문지른다. 후두부도 마찬가지로 진행한다.

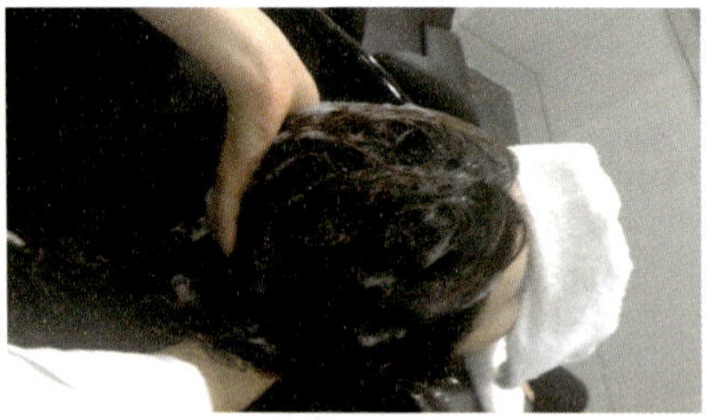
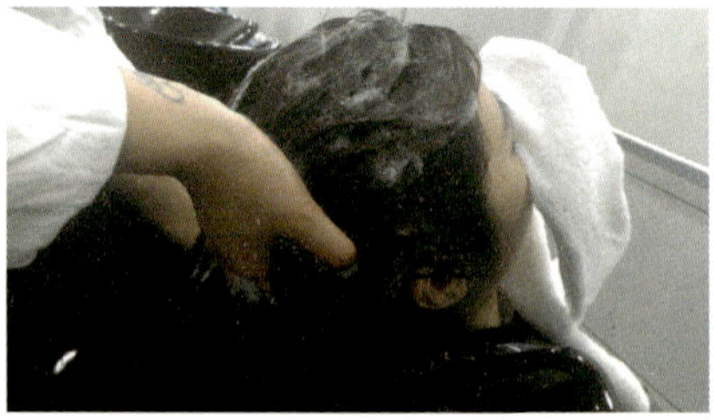
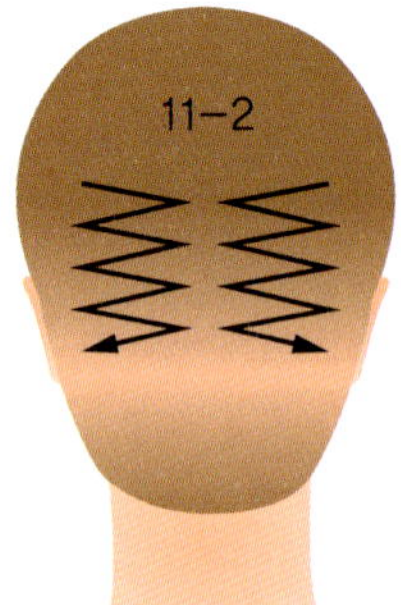

⑫ 왼손으로 두상을 받쳐 주고 오른손으로 네이프 깊숙히 문질러 준다. 이때 과하게 손을 넣어 고객의 옷이 젖지 않도록 주의한다. 반대로 오른손으로 두상을 받쳐 주고 왼쪽으로 네이프 깊숙히 문지른다.

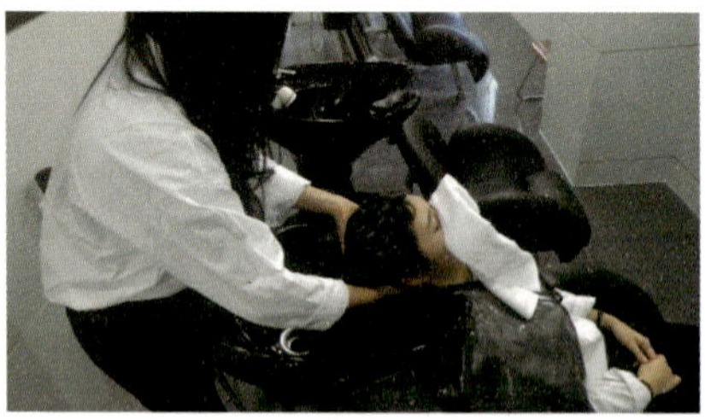
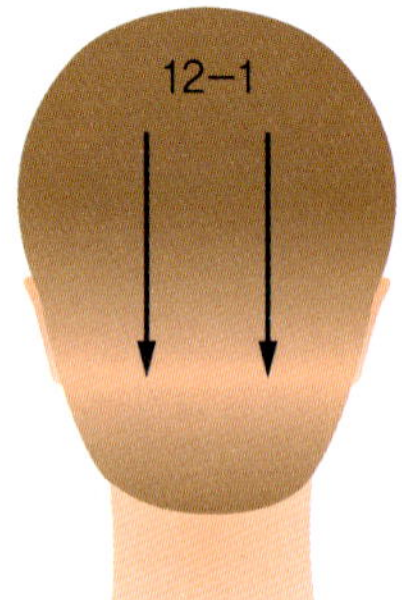

⑬ 손가락을 모두 사용하여 두상 전체를 문질러 준다. 이때 압을 가해 고객이 청량감을 느낄 수 있도록 한다.

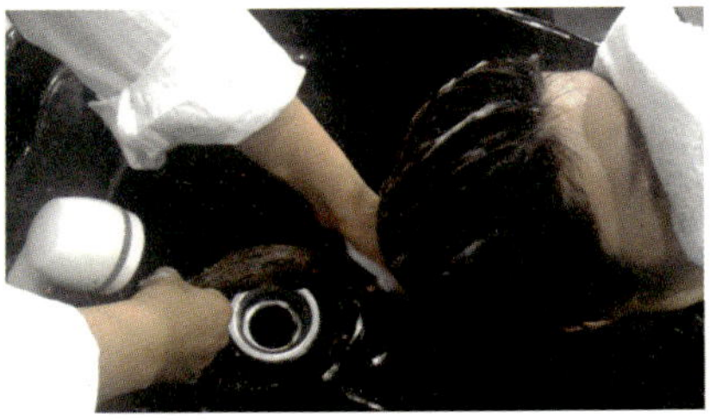

⑭ 두피 샴푸가 끝나면 두발 샴푸도 진행한다. 고객의 두발을 모아 손안에 담고 조물조물 눌러 준다. 이때 모발에 손상을 주지 않도록 과도한 압이나 꼬기, 문지르기 등은 하지 않는다.

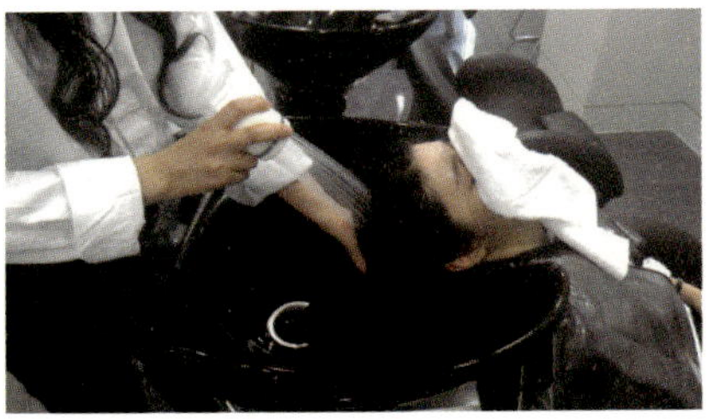
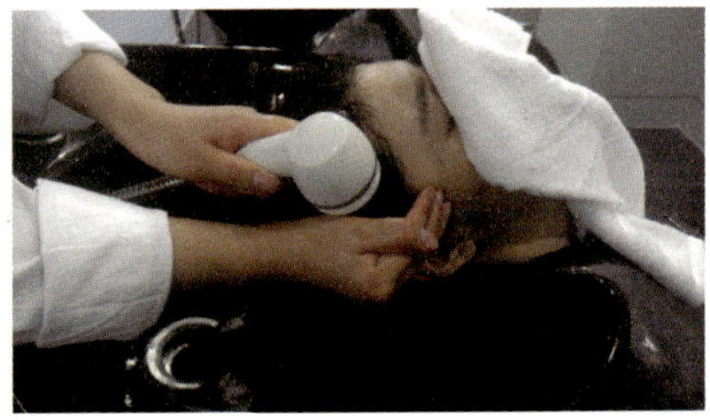

⑮ 세정이 끝나면 샴푸제를 충분히 헹궈 낸다. 제품이 남아 있으면 두피에 자극을 주어 두피질환이나 탈모를 유발할 수 있으므로 손가락 지문을 이용해 문지르며 깨끗하게 헹궈 낸다.

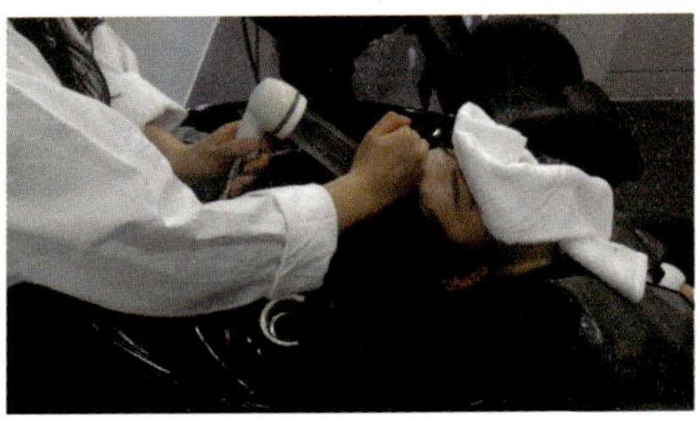
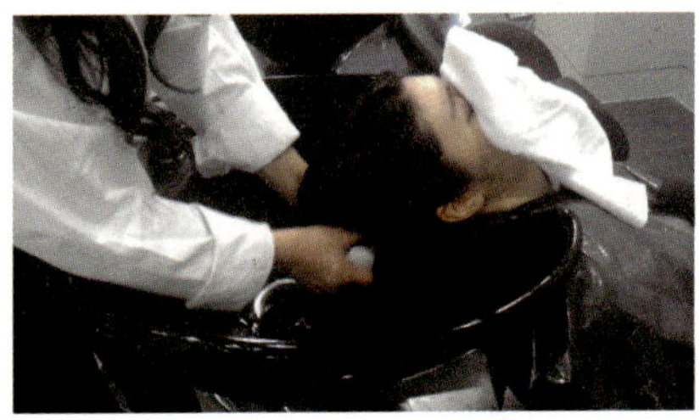

⑯ 페이스 라인, 귀, 목덜미 부분까지 깨끗하게 닦아 준다. 귓속이나, 얼굴 등으로 물이 흐르지 않도록 주의하며 마무리한다.

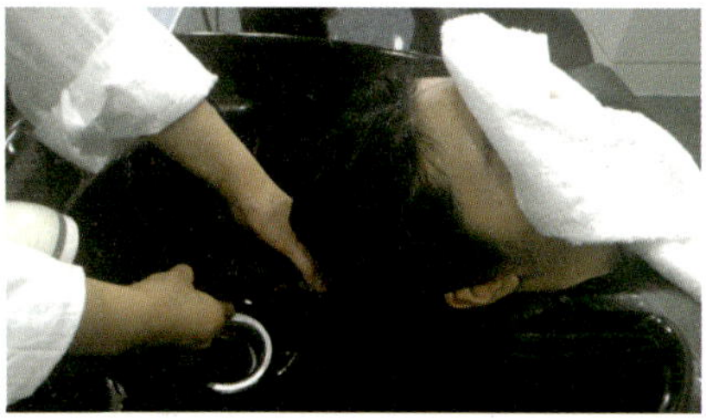
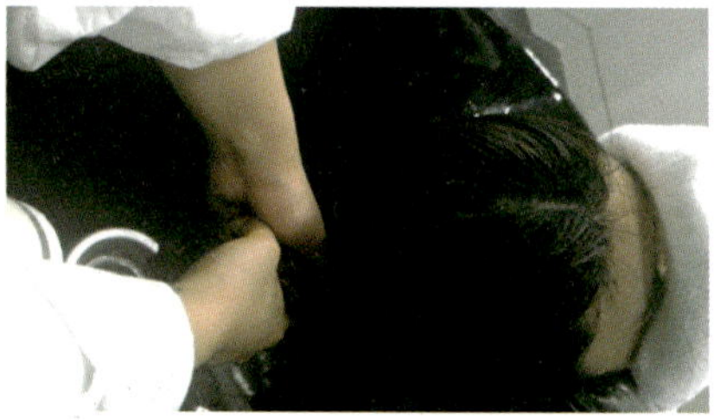

⑰ 샴푸가 끝나면 두피와 두발에 남아 있는 물기를 손으로 살짝 짜낸다. 이때 모발에 손상을 주지 않도록 과도한 압이나 꼬기 및 문지르기 등은 하지 않는다.

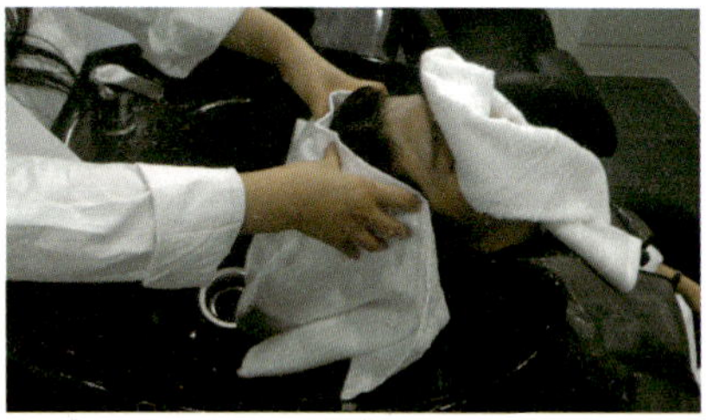
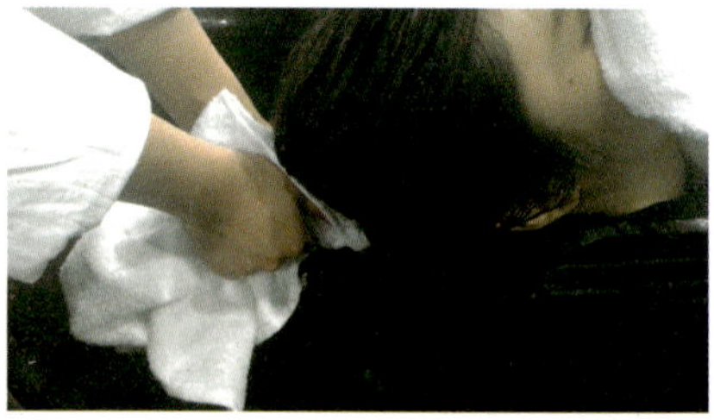

⑱ 타월을 이용해 두피와 두발의 물기를 최대한 제거하고 페이스 라인과 귀, 목덜미까지 닦아낸다.

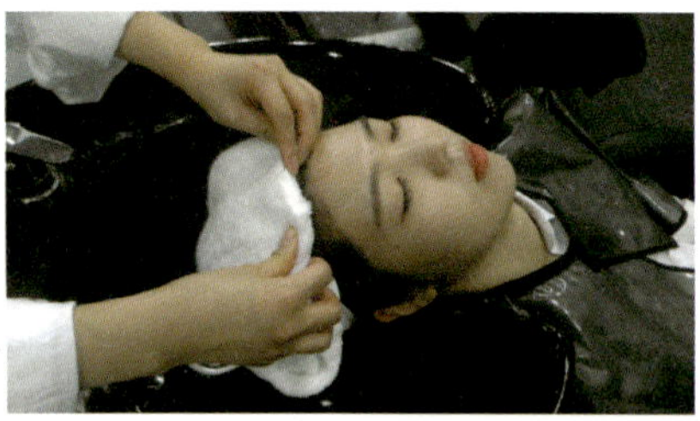
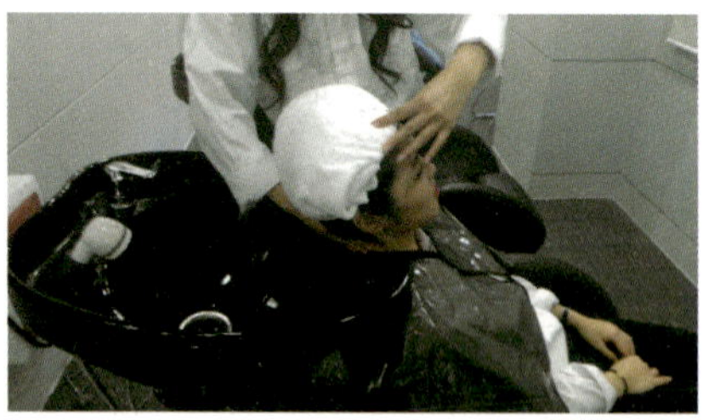

⑲ 타월로 두상을 감싸맨 후 고객에게 샴푸가 끝났음을 알리고 페이스 타월을 제거한다. 고객의 목을 받쳐서 일으킨 후 시술 경대로 안내한다.

3. 린스 시술 순서

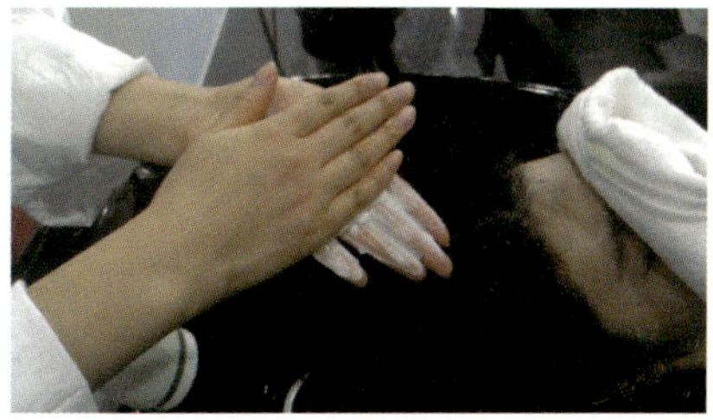

① 두발 길이에 알맞은 양으로 린스제를 손바닥에 담는다. 어깨보다 짧으면 100원 짜리 동전만큼, 길면 500원 짜리 동전만큼 준비한다. 손바닥에서 충분히 블렌딩(blending)한다. 블렌딩하는 이유는 제품이 한쪽으로 뭉쳐서 발라지는 것을 방지하고 골고루 도포하기 위함이다.

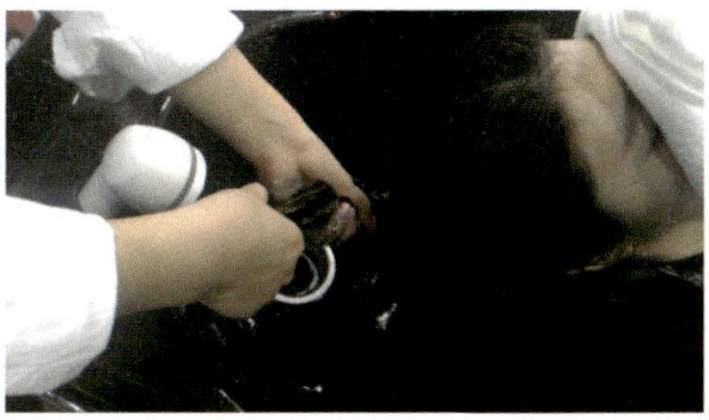

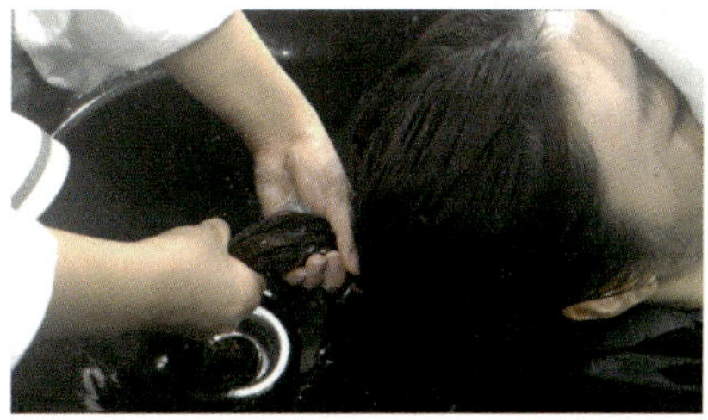

② 시작은 두발 끝에서부터 도포하며 점차 두피 쪽으로 올라가면서 도포한다. 린스는 유성성분이 많기 때문에 두피보다는 두발 위주로 도포하며, 두발의 끝이 손상도가 가장 크기 때문에 두발의 끝부분부터 도포한다.

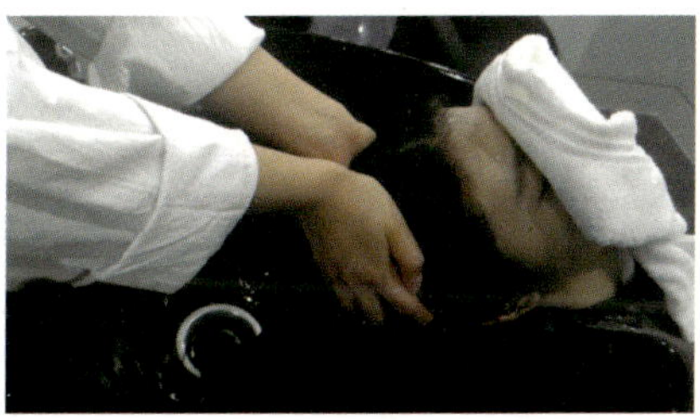

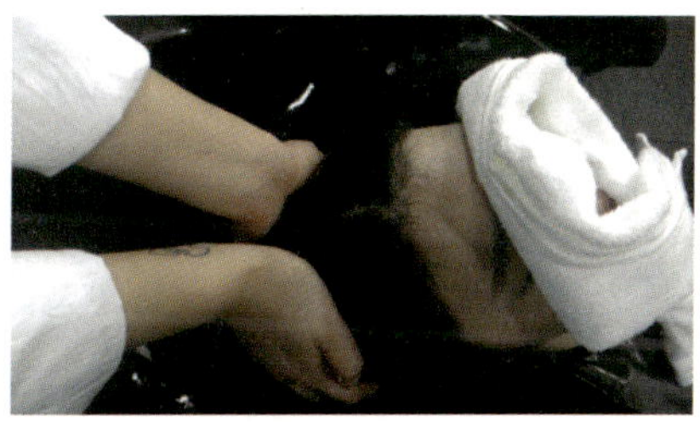

③ 두발에 도포하고 남은 소량을 이용해 두상까지 골고루 도포한다. 린스제가 균일하게 퍼질 수 있도록 손바닥을 넓게 하여 두상 전체를 감싸듯이 도포한다.

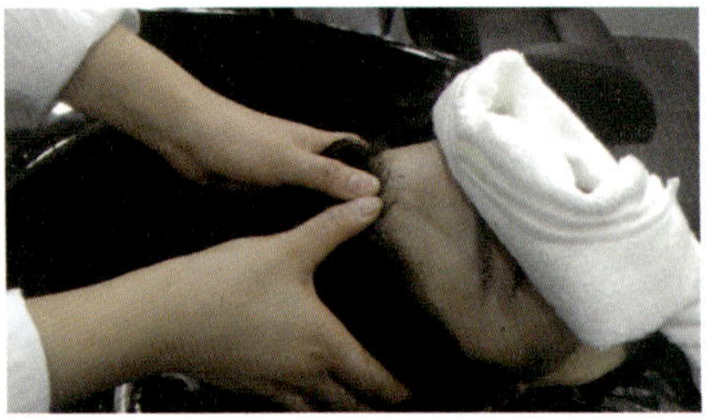
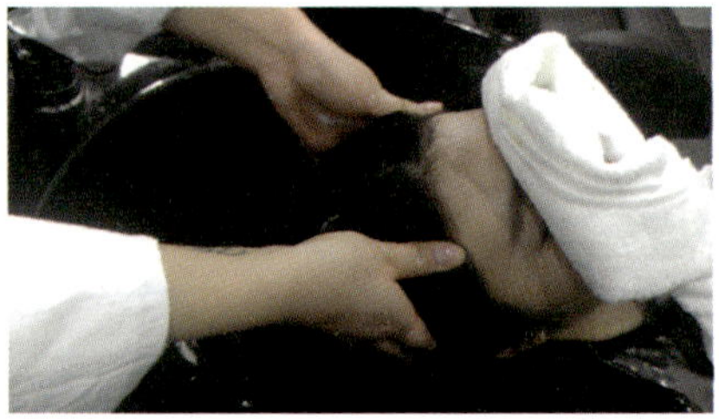
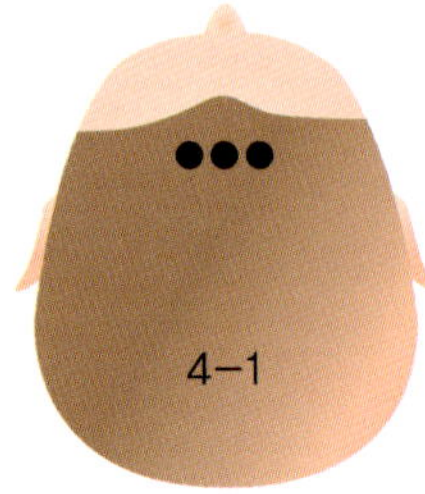

④ 엄지손가락의 지문으로 센터포인트의 신정을 3회 지압한다. 같은 방법으로 사이드 포인트의 혈로를 3회 지압한다.

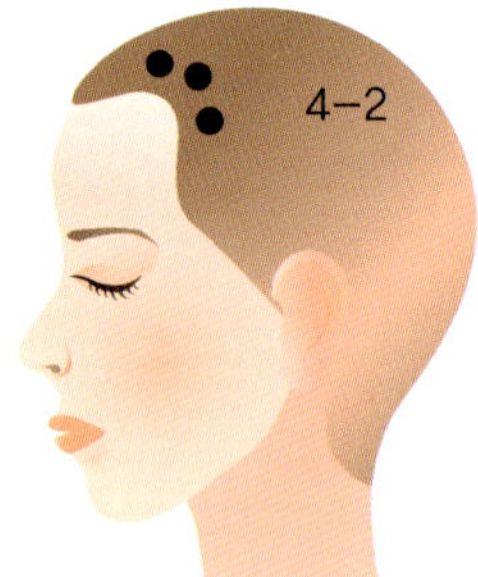

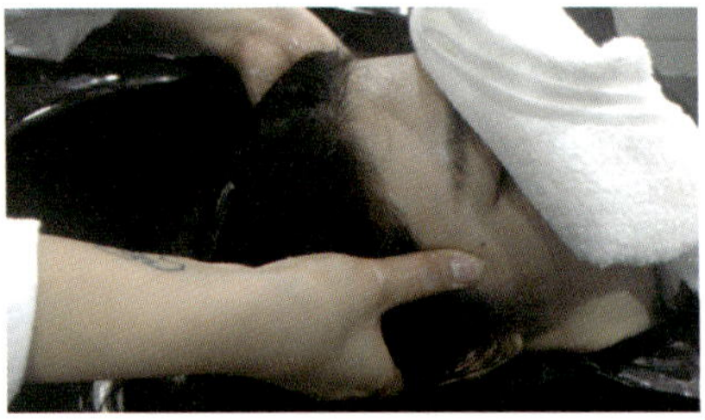
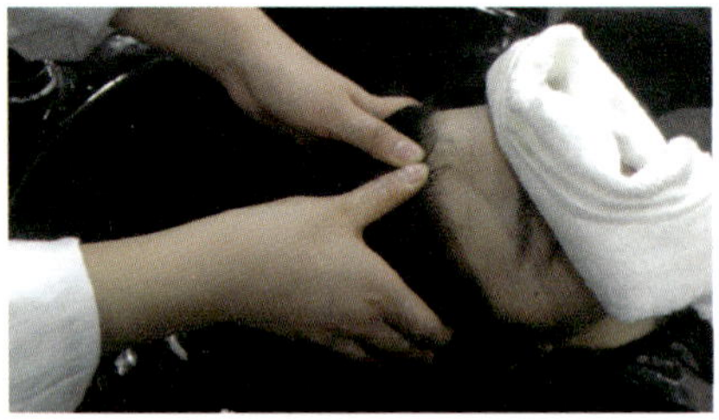

⑤ 관자놀이의 태양을 3회 굴려준다. 태양은 세게 압을 가하면 아플 수 있으므로 압을 약하게 하여 굴려 준 후 다시 신정을 3회 지압한다.

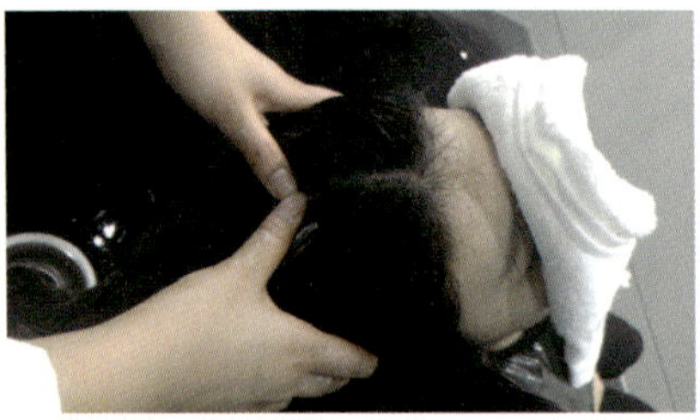
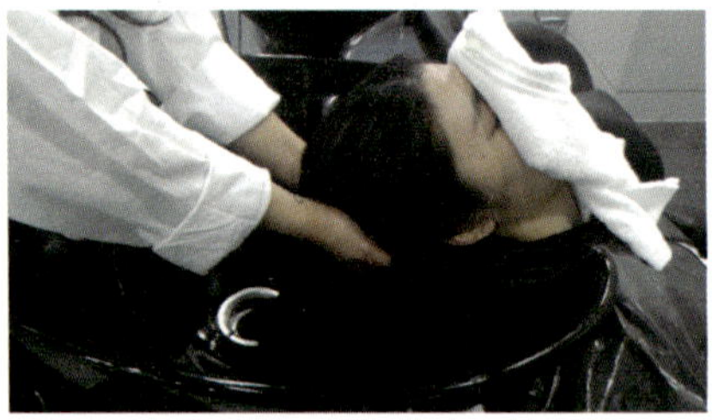

⑥ 탑 포인트의 백회를 3회 지압한 후 중지손가락으로 옥시피털 포인트의 아문을 3회 지압한다. 아문은 네이프 포인트 살짝 윗부분으로 움푹 들어간 부분을 끌어올리듯 지압한다.

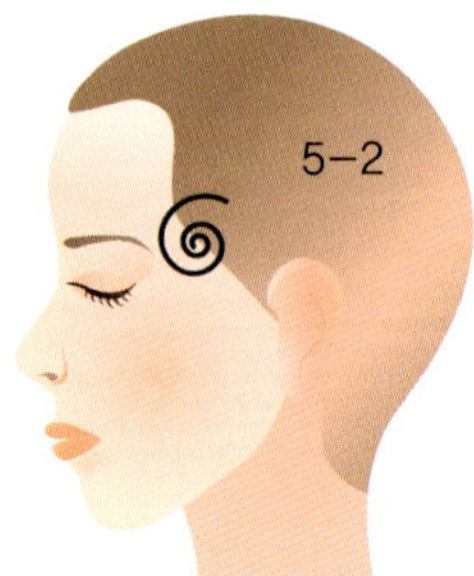

6-1

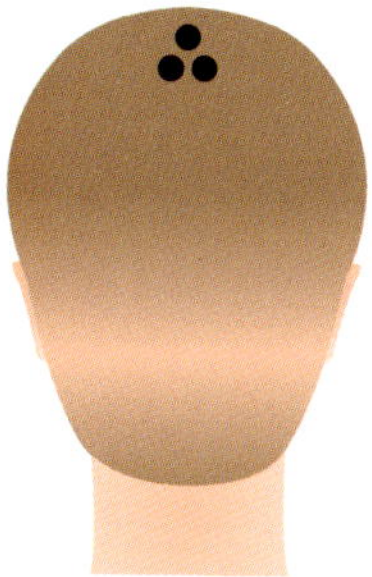

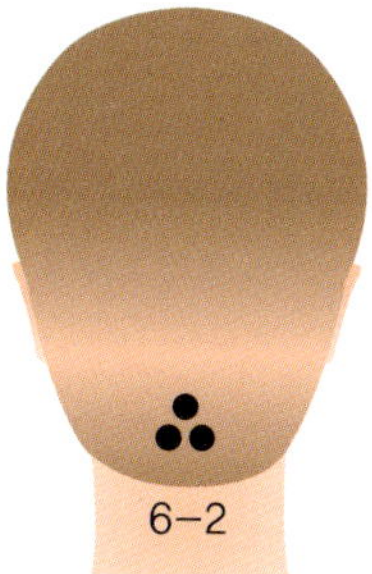

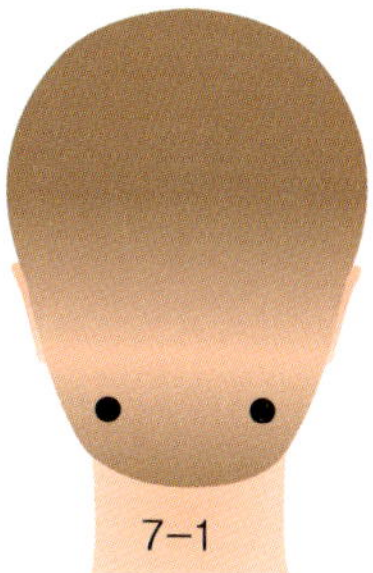

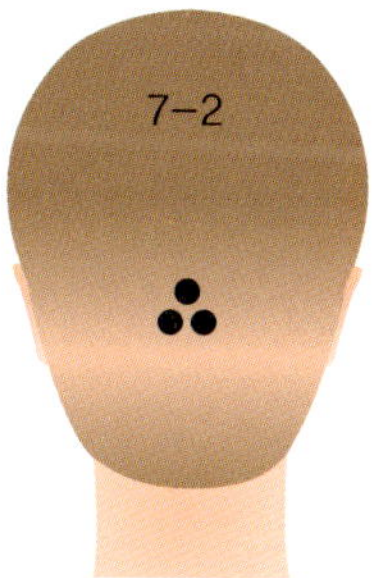

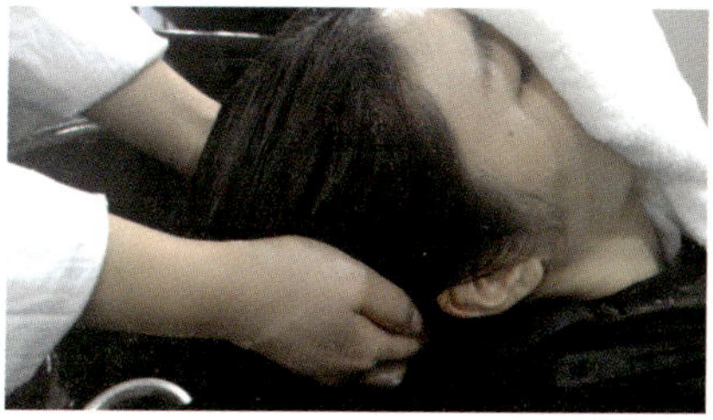

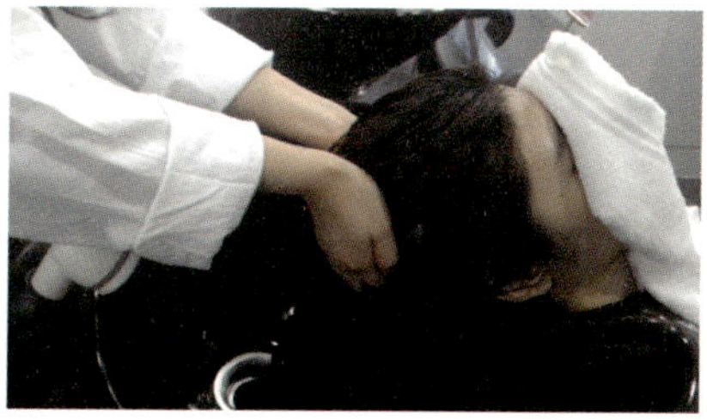

⑦ 네이프 사이드 포인트의 천주를 3회 지압한다. 천주는 아문의 2촌 옆으로 중지를 이용해 끌어올리듯 당기며 지압한 후에 백 포인트의 풍지를 지압한다. 풍지는 후두부의 튀어나온 뼈 부분으로 검지, 중지, 약지를 모두 이용해 지압한다.

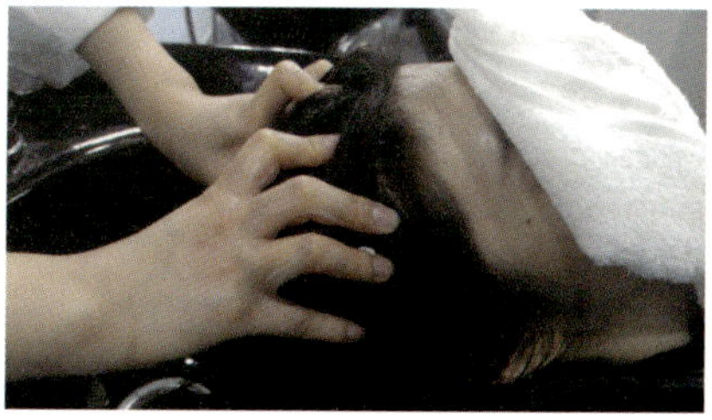

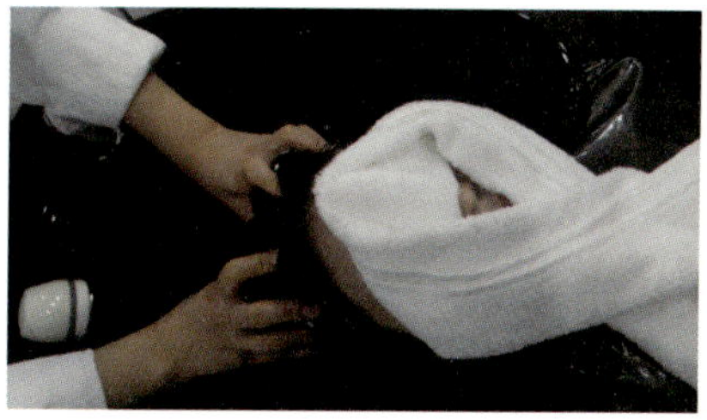

⑧ 경혈점 지압 후 두상의 전체를 손가락 지문을 이용해 지압한다. 압을 가해 고객이 시원함을 느낄 수 있도록 해 준다.

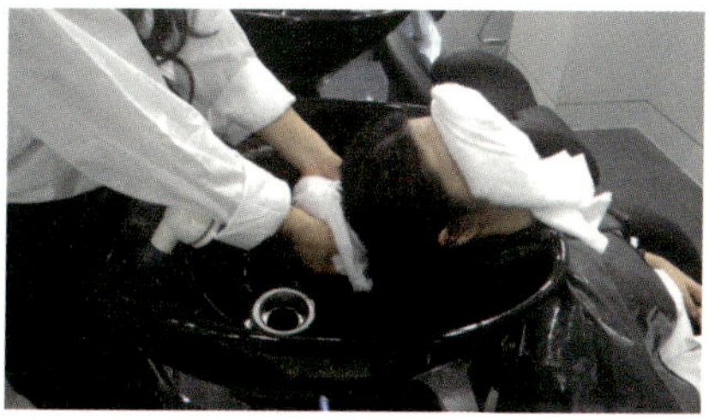

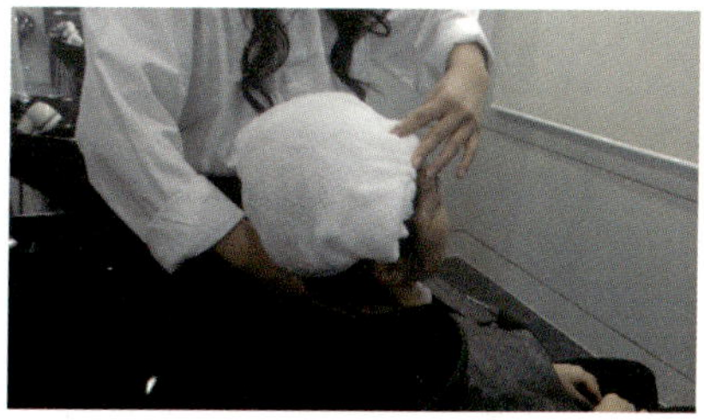

⑨ 깨끗하게 헹궈낸 후 타월 드라이하여 마무리한다.

Chapter
3

샴푸 마무리

학습목표

• 페이스 라인과 귀의 뒷부분에 남아있는 물기를 제거할 수 있다.

1. 샴푸와 린스, 그리고 트리트먼트

1. 타월 드라이 목적

타월 드라이란 샴푸 후 수건을 이용해 모발을 건조시키는 방법으로 드라이어의 열을 사용하는 것보다 모발의 손상도가 적고 두피에 자극을 주지 않는다. 단, 드라이어보다 시간이 오래 걸리고 볼륨을 만들기가 어려운 단점이 있다.

2. 타월 드라이 방법

(1) 짧은 두발

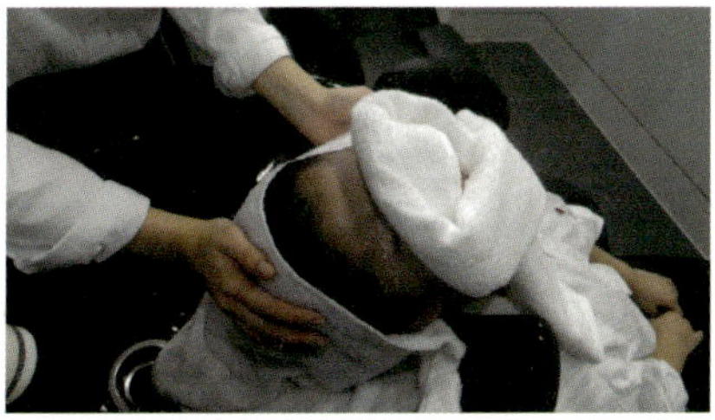

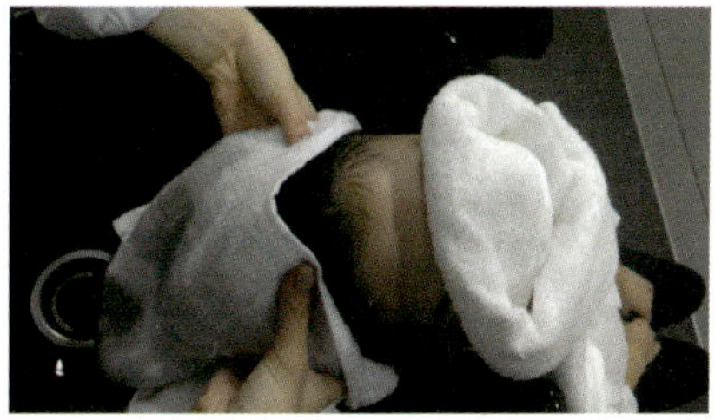

① 샴푸가 끝나면 준비해 둔 깨끗한 타월을 이용해 고객의 두상 전체를 감싼다. 두상 전체를 지압하듯 꾹꾹 눌러 물기를 제거한다. 과도하게 문질러 두피와 두발에 마찰을 가해 손상되지 않도록 주의한다.

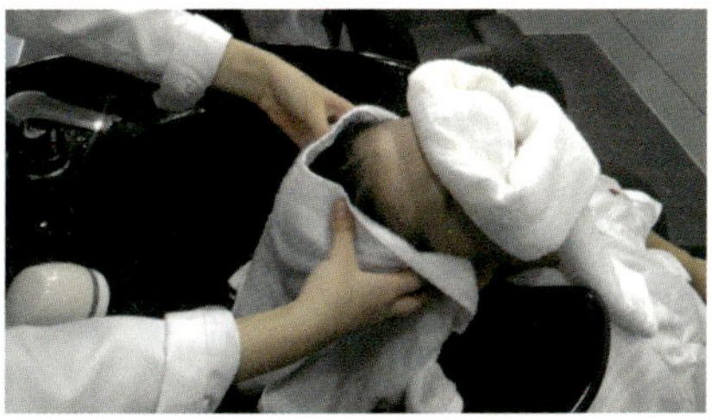

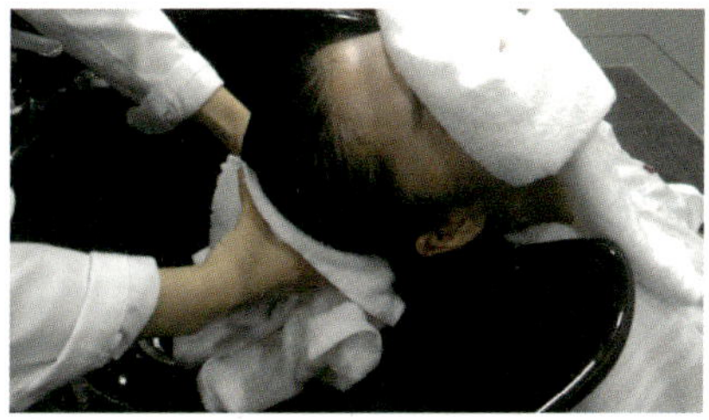

② 헤어라인을 깨끗하게 닦아낸 후에 점차 두발의 하단으로 이동하며 물기를 제거한다.

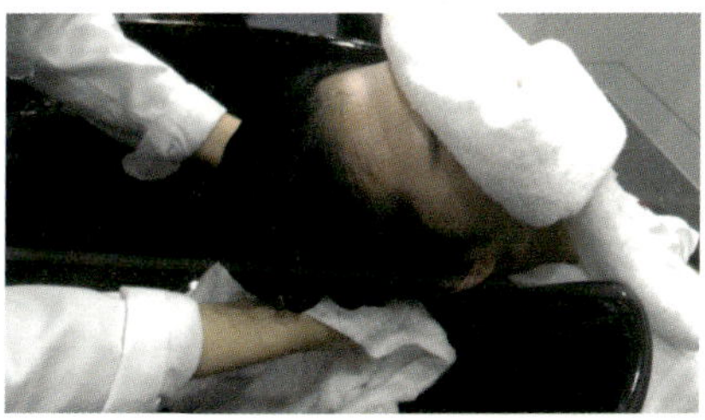

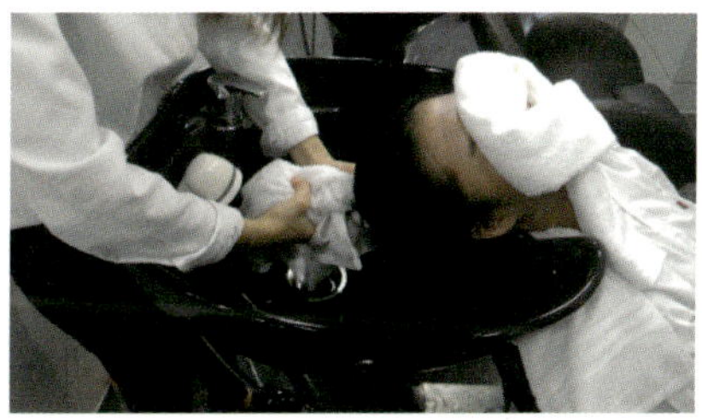

③ 두피 쪽의 물기를 제거한 후 두발을 모아 감싸 쥔다. 꼬거나 비틀지 않고 손 전체를 이용해 꾹꾹 눌러 주며 물기를 제거한다.

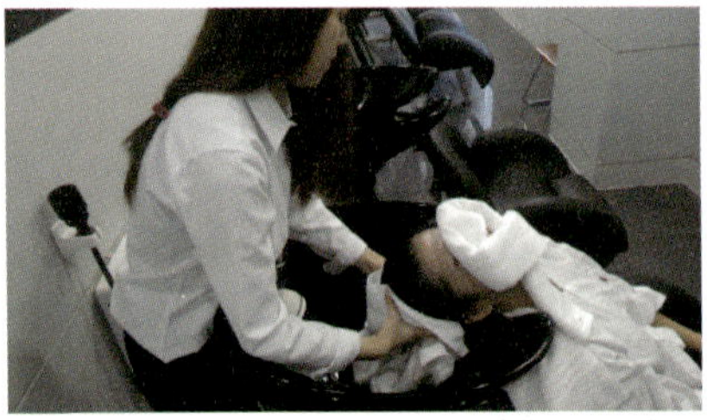

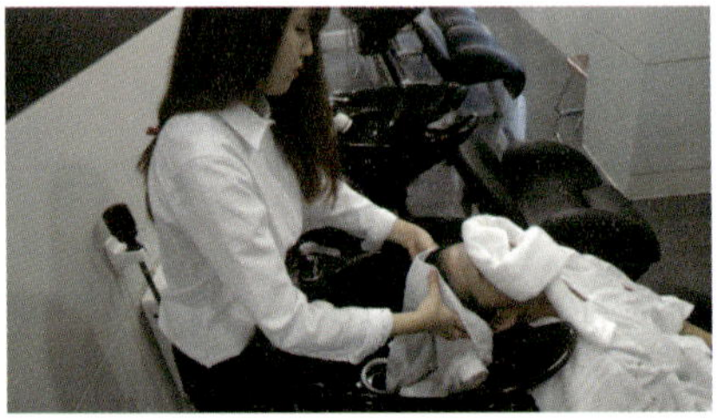

④ 타월을 뒤집어서 한번 더 물기를 제거한다.

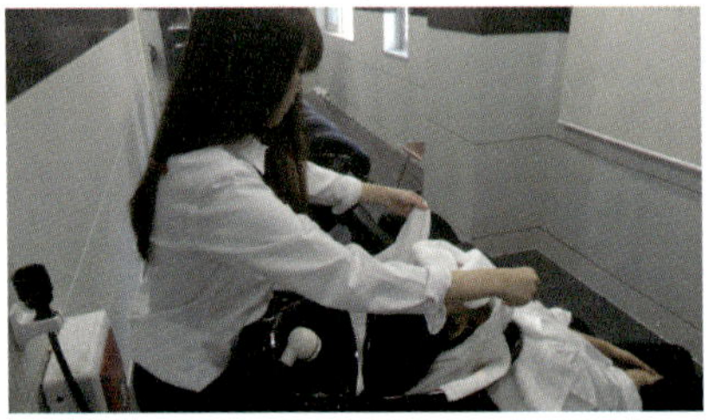

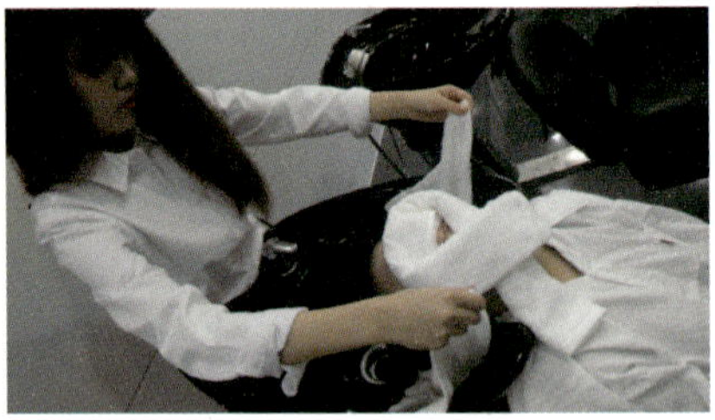

⑤ 타월을 펼쳐 고객의 목 뒤를 넓게 감싼 후 타월 끝을 크로스하여 접는다.

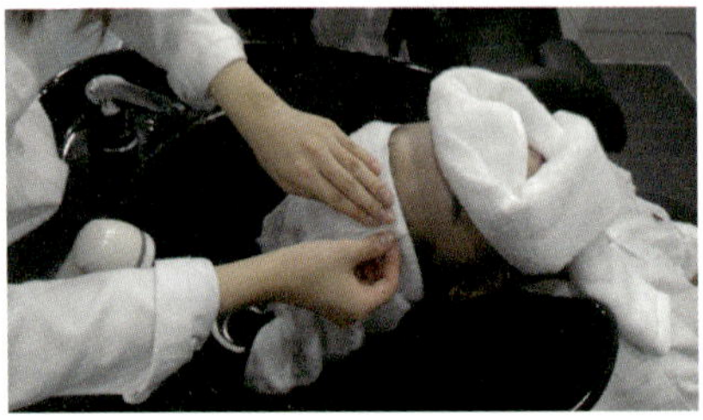

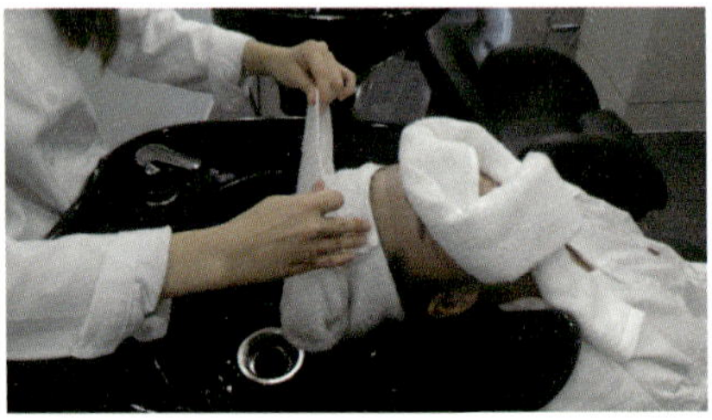

⑥ 접은 타월의 한쪽 끝을 수건 안쪽으로 말아 넣고 타월의 뒷부분을 앞쪽으로 끌어당겨 앞쪽으로 말아 넣는다. 이때 페이스 라인의 두발이 뜯기지 않도록 주의한다.

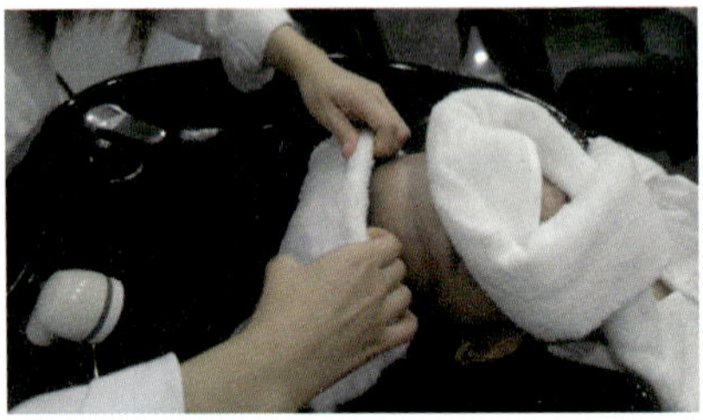

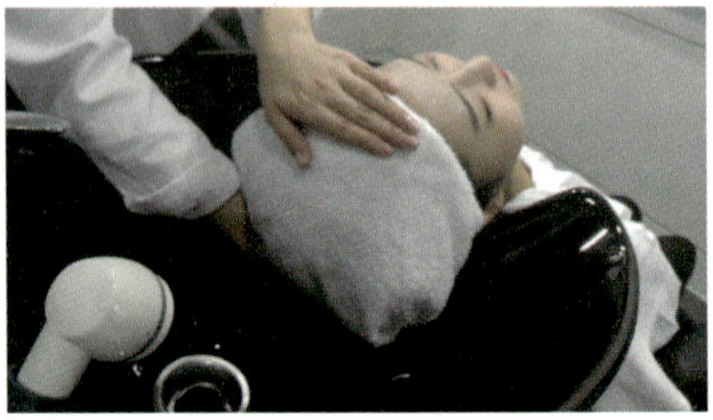

⑦ 타월이 단단히 매어졌는지 확인한 후 고객의 목을 받치고 일으켜 세운다.

(2) 긴 두발

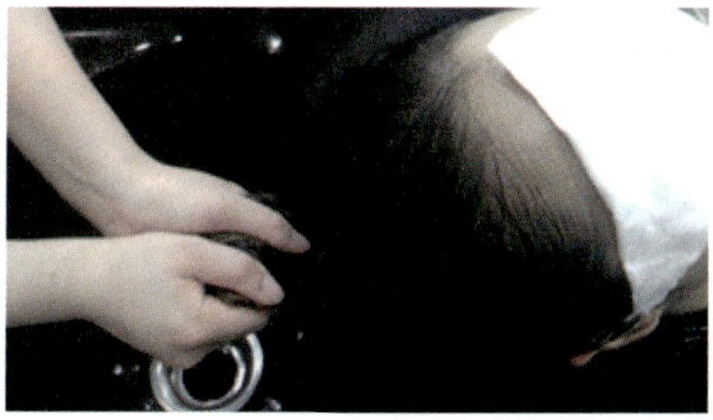

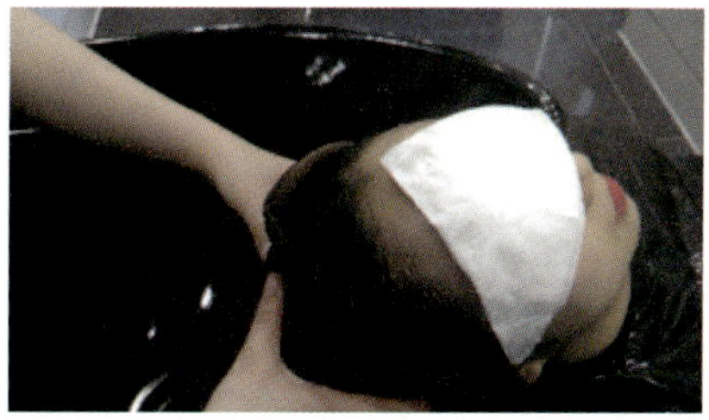

① 샴푸가 끝나면 두발을 모아 손으로 물기를 살짝 짜 준다. 과도하게 힘을 줄 경우에는 모발이 뒤틀리거나 꼬이면서 손상을 줄 수 있으므로 압을 세게 가하지 않는다. 준비해 둔 깨끗한 타월을 이용해 고객의 두상 전체를 감싼다. 두상 전체를 지압하듯 꾹꾹 눌러서 물기를 제거한다.

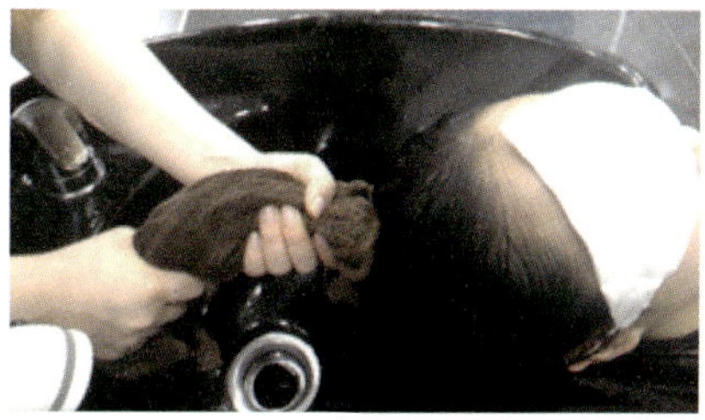

② 타월을 세로로 길게 잡아 두발 전체를 감싸 넣고 매듭을 묶어 준다. 과도하게 비틀거나 세게 묶지 않도록 한다.

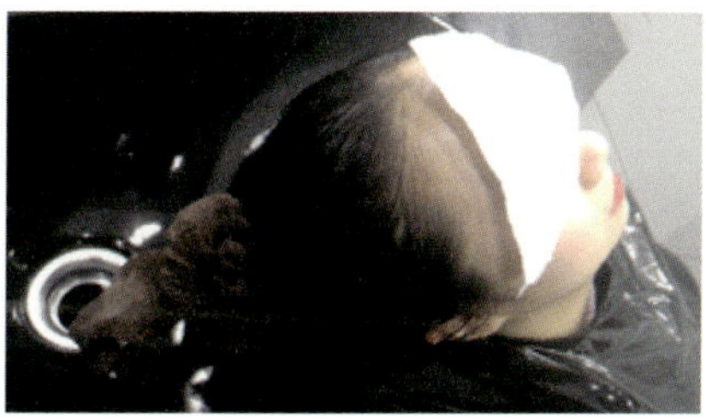

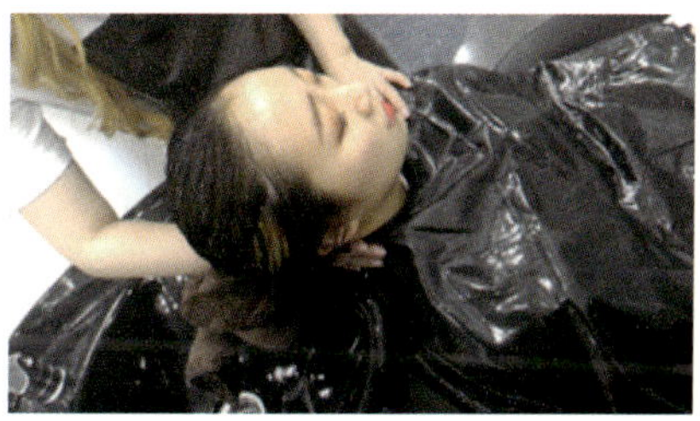

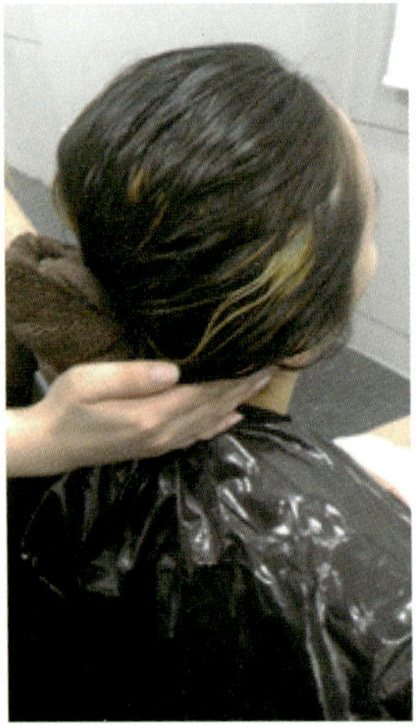
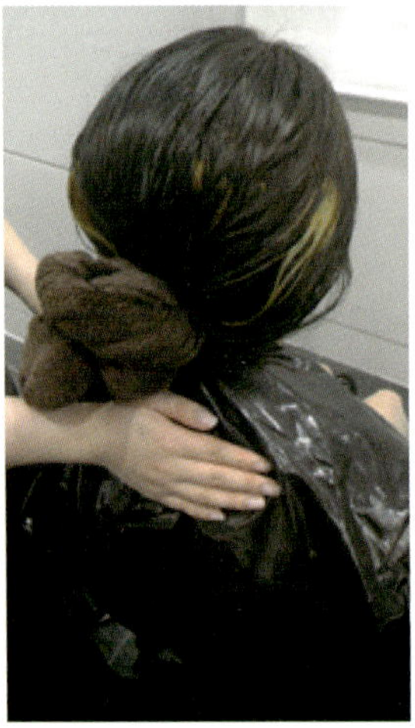
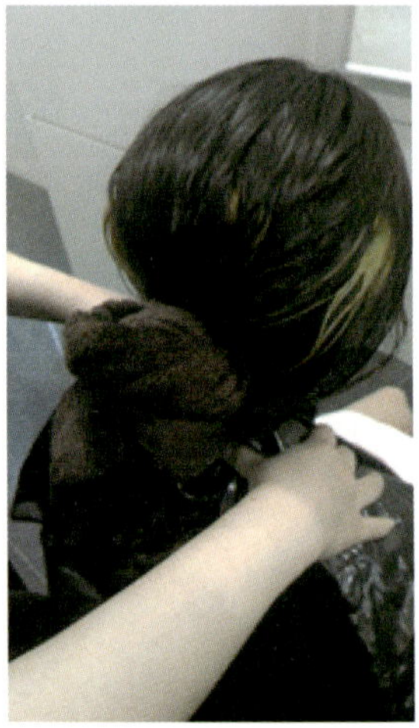

③ 샴푸가 끝났음을 알리고 고객의 목을 받치고 편안한 자세로 일으켜 세운다. 타월 드라이를 한 후에 샴푸로 인해 경직되어 있는 고객의 어깨를 마사지 해주고 마무리한다.

교수·학습·평가 방법

교수 방법

① 샴푸의 필요성과 기전에 대해 설명한다.

② 샴푸 시 착용하는 가운의 필요성과 목적에 대해 설명한다.

③ 샴푸대 작동법과 올바른 사용법 및 주의사항에 대해 설명한다.

④ 샴푸 전 브러싱의 필요성과 목적에 대해 설명한다.

⑤ 시술 목적에 따른 샴푸제 선택법에 대해 설명한다.

⑥ 두피 매니플레이션의 기전을 설명하고 위그 및 라이브모델을 이용해 시연한다.

⑦ 위그 및 라이브모델을 이용해 샴푸 방법을 시연한다.

학습 방법

① 샴푸의 필요성과 기전을 학습한다.

② 샴푸대 작동법과 샤워기 사용, 수온과 수압 조절 등을 훈련한다.

③ 짝을 지어 고객에게 가운을 입히고 샴푸대로 안내하는 것을 상호 실습한다.

④ 위그 및 라이브모델을 이용해 두피 매니플레이션 기법을 훈련한다.

⑤ 위그 및 라이브모델을 이용해 샴푸 방법을 숙련한다.

항목별 평가 방법

학습내용	평가항목	성취수준		
		상	중	하
샴푸 준비하기	두피, 모발상태나 시술 목적에 따라 샴푸제 선택하는 능력			
	모발 길이나 모량에 따라 샴푸제의 양 조절하는 능력			
	엉킨 모발의 정돈과 이물질 제거를 위해 사전 브러시 하는 능력			
	혈액순환 개선과 신진대사 촉진을 위해 두피 매니플레이션하는 능력			
	고객 편의를 위해 가운을 착용해 주고 샴푸대와 수온 조절하는 능력			
샴푸 시술하기	샴푸의 성분이 남지 않도록 페이스 라인, 귀, 모발, 두피 등을 충분하게 헹굴 수 있는 능력			
	샴푸 후 모발 보호제 사용 여부를 판단하여 사용하는 능력			
	고객의 불편사항을 수시로 점검하여 대처할 수 있는 능력			
샴푸 마무리하기	페이스 라인과 귀의 뒷부분에 남아 있는 물기를 제거하는 능력			

PART Ⅱ

응용 샴푸

1. 샴푸 준비
2. 샴푸 절차
3. 샴푸 마무리

Chapter 1

샴푸 준비

학습목표

- 두피 · 모발상태나 시술 목적에 따라 샴푸제를 선택할 수 있다.
- 혈액순환 개선과 신진대사 촉진을 위해 두피 매니플레이션을 할 수 있다.
- 고객 편의를 위해 가운을 착용해 주고 샴푸대와 수온을 조절할 수 있다.

1. 모발 생리학

1. 모발의 성질

(1) 모발의 물리적 성질

① 모발의 질감(Texture)

모발의 질감은 각 개인의 머리카락 직경 즉, 굵기에 따라 달라진다. 일반적으로 굵은 모발, 중간 모발, 가는 모발로 나누어진다. 영양 상태나 건강 상태에 따라 질감이 달라지고, 염색이나 퍼머넌트 웨이브의 시술에 의해서도 질감에 차이가 난다.

② 모발의 밀도(Density)

밀도는 모발의 수에 의해 결정되며 모발의 색에 따라 달라진다. 모발의 밀도는 약 8~12만 정도이고, 한국인은 약 10만 개, 갈색모는 약 11만 개, 금발은 약 13만 개, 흑모는 약 10만 개, 적모는 약 8만 개 정도로 본다.

③ 모발의 탄력성(Elasticity)

탄력성이란 모발을 끊어지지 않을 정도까지 잡아당겼다가 놓았을 때 다시 원래의 상태로 돌아가는 성질을 말한다. 정상인의 모발은 탄력성이 우수하며 물에 젖어 있을 경우에는 원래 길이의 1.7배 정도 늘어나지만, 건성 모발은 탄력성이 적어서 약 1.25배 정도 늘어난다.

④ 모발의 강도(Intensity)와 신장(Extension)

강도는 모발을 당겼을 때 끊어지지 않고 견디는 힘을 말한다. 건강모는 강도가 강하지만, 손상모는 강도가 약하다. 건강모의 신장률은 40~50%이고 물에 젖었을 때는 60~70%이다.

⑤ 모발의 다공성(Porosity)

다공성은 퍼머넌트 웨이브, 염색, 탈색 등의 화학처리로 인해 모발의 모피질층을 채우고 있는 간충물질이 소실되어 모발 조직 중에 빈 공간이 많아지는 것을 말한다. 건강모는 모표피가 규칙적이므로 펌제나 염색제 및 탈색제 등이 과다하게 흡수되지 않으나 손상모는 모표피가 열려 있어서 과다 흡수되어 심하게 손상될 우려가 있다.

⑥ 모발의 습윤성(Moisture)

습윤성은 공기 중 습도가 높으면 수분을 흡수하고 건조하면 수분을 빼기게 되는 성질을 말한다. 모발이 건조되면 부드러움과 광택이 없고 거칠어지므로 트리트먼트를 해야 한다. 모발의 수분 함유량은 10~15%일 때가 가장 이상적이며 손상모는 10% 이하이다.

⑦ 모발의 열변성(Heat denaturalization of hair)

건열에서는 외관적으로 120℃ 전후에서 팽화되고 130~150℃ 전후에서 모발이 변색이 시작되며, 270~300℃가 되면 타서 분해된다. 화학적으로는 150℃ 전후에서 시스틴(cystine)의 감소를 볼 수 있고, 180℃가 되면 알파 케라틴(α-keratin)이 베타 케라틴(β-keratin)으로 변한다. 습열에서는 100℃ 전후에서 시스틴의 감소를 볼 수 있고, 130℃에서 10분 동안 두면 케라틴 α형은 β형으로 변화한다.

⑧ 모발의 광변성(Light denaturalization of hair)

모발에 직접적인 영향을 주는 것은 적외선과 자외선이다. 적외선의 열이 과도한 경우에 모발 케라틴을 파괴하여 모발 손상을 초래한다. 자외선은 모발의 시스틴 함량을 줄게 하고, 멜라닌을 파괴하여 모발 손상과 탈색을 초래한다. 옥외 근로자 · 고원 · 해안 거주자 등의 경우 퍼머넌트 웨이브가 잘 되지 않거나 쉽게 늘어지는 원인은 태양광선, 특히 자외선에 의한 모발 케라틴의 변성 때문이다.

⑨ 모발의 색(Color)

멜라닌은 분자량이 높은 중합체(polymer)로 물에 용해되지 않으며, 복잡한 화학반응의 결과물이다. 뇌하수체에서 색소자극 호르몬이 분비되면 멜라노사이트에 있는 아미노산의 일종인 티로신(tyrosine)은 티로시나아제(tyrosinase)라는 효소에 의해 산화 · 중합 반응을 거쳐 도파(dopa, 3,4-dihydroxyphenylalanine)에서 도파퀴논(dopaquinone)이 되고 결국 멜라닌이 만들어진다.

이렇게 만들어진 멜라닌과립은 멜라노사이트의 돌기부위를 통해 피질층에 있는 모모세포층으로 방출이 되어 모발이 각화되기 전에 모든 세포내로 들어간다.

이런 기전으로 멜라노사이트의 기능이 저하되면 멜라닌의 생성이 억제되어 부분적으로 흰머리가 생기게 되는 것이다.

모발의 색은 모피질의 멜라닌(melanin)의 양과 분포 정도에 따라 모발의 색이 결정된다. 황갈색의 페오멜라닌(pheo-melanin)은 분사형 색소로 서양인에게 많고 흑갈색의 유멜라닌(eu-melanin)은 입자형 색소로 쌀 알갱이 형태로 흑색에서 적갈색까지 모발에 어두운 색을 결정하며 동양인에게 많다. 입자형 색소와 분사형 색소가 하나의 멜라닌 미립자 안에 있으면 '혼합 멜라닌'이라고 한다.

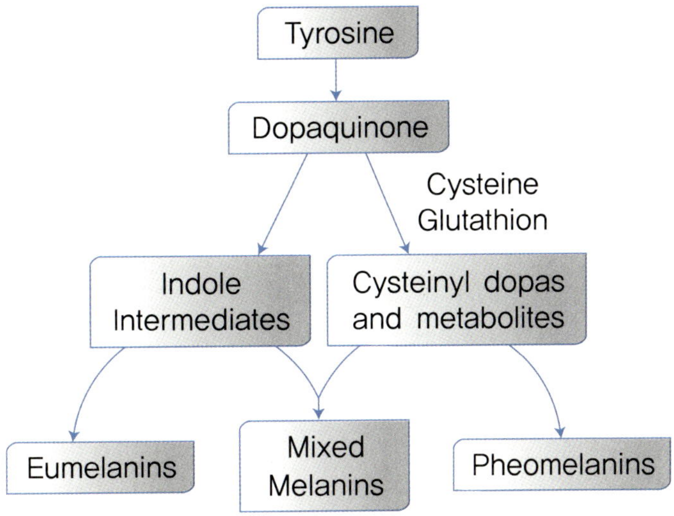

그림 2-1 페오멜라닌과 유멜라닌의 합성 경로

⑩ 모발의 두께

머리카락의 지름은 보통 0.05~0.15mm이다. 물기를 흡수한 머리카락은 팽윤되어 더 많이 두꺼워진다. 동양인은 서양인에 비해 두께가 두껍다. 모표피의 두께가 두꺼우면 모발은 보호 기능이 좋아지고, 약액의 침투성은 늦어진다.

⑪ 모발과 pH

pH란 power of Hydrogen Ions(수소 이온 농도)로 어떤 용액의 산성 또는 알칼리성을 측정하기 위한 수치로 0(강한 산성)에서 14(강한 알칼리성)까지 표시된 것이며 측정 후 pH가 7이면 그 용액은 중성이다. pH가 7 이상이면 알칼리성으로 머리카락을 부풀게 하며, 표피에 더 많은 기공이 생기게 하므로, cuticle과 cuticle 사이에 벌어진 기공 사이로 염색제나 퍼머넌트 웨이브제가 쉽게 침투된다. pH 7 이하인 경우는 산성이다. 강산성일 때와 강알칼리의 경우에는 머리카락이 심하게 손상된다.

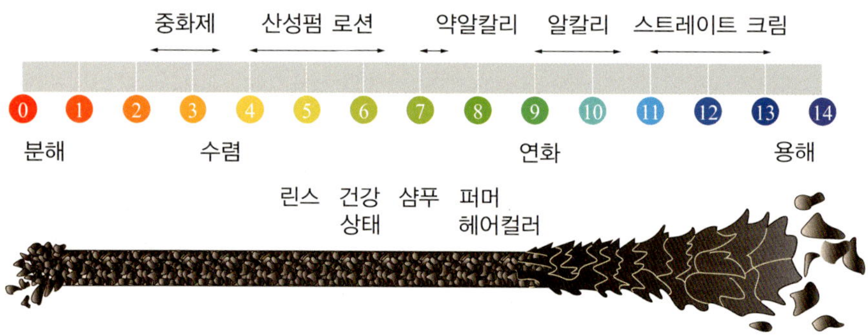

그림 2-2 모발의 pH

(1) 모발의 성분

① 케라틴 단백질(Keratin protein)

모발의 80~90%가 케라틴(keratin) 이라는 경단백질로 이루어져 있다. 모발은 18종류의 아미노산으로 구성되어 있고 특히 시스틴(cystine)이 14~18% 정도 포함되어 있다는 특징을 가지며 다른 단백질에는 미량 존재하는 시스틴 케라틴(cystine kertin)이 모발에는 다량 함유되어 있는 것이 모발의 성질을 특징짓는 것이다.

② 지질

모발의 지질에는 피지선에서 분비된 피지와 피질세포 자신이 가지고 있는 지질이 있다. 피지의 분비량과 조성은 내부 요인과 외부 요인에 따라서 영향을 받기 때문에 개인차가 크다. 피지선은 두부에 가장 많이 분포되어 있다.

피지막 자체에 있는 피지는 피부와 모낭에 항상 존재하고 있는 미생물과 효소 리파아제(lipase)의 작용에 의해 중성지방의 일부가 가수분해되어 유리지방산과 글리세린으로 된다.

③ 수분

수분은 모발의 유연성, 광택, 통풍, 인장강도, 정전기 등에 영향을 미친다.

모발에는 일반적으로 10~15% 함유되어 있으며, 세발 직후에는 30~35%, 드라이 건조 후에는 10% 정도의 수분이 남아 있다. 보통 10% 이하의 수분을 함유하고 있는 모발을 '건조모'라고 한다.

④ 미량원소

모발의 색은 미량으로 포함되어 있는 금속의 종류에 따라서도 다르게 된다고 전해지고 있다. 즉 백발에는 니켈, 황색모발에는 티탄산염(titanate), 적색에는 철(fe), 몰리브덴(molybdan), 흑발에는 동, 코발트, 철이 함유되어 있다고 전해지고 있다.

표 2-1 아미노산의 종류

	종류	함유량
산성	아스파라긴산(asparaginic acid)	13.5~13.5
	글루탐산(glutamin acid)	13.6~14.2
중성	알라닌(alanine)	2.8
	글리신(glycine)	4.1~4.2
	이소루이신(isoleucine)	4.8
	루이신(leucine)	6.4~8.3
	메티오닌(methionine)	0.7~1.0
	시스틴(cystine)	16.6~18.8
	페닐알라닌(phenylalanine)	2.4~3.6
	프롤린(proline)	4.3~9.6
	트레오닌(threinine)	7.4~10.6
	트립토판(tryptophan)	0.4~1.3
	티로신(tyrosine)	2.2~3.0
	발린(valine)	5.5~5.9
	세린(serine)	4.3~9.6
알칼리성	아르기닌(arginine)	8.9~10.8
	히스티딘(histidine)	7.5
	리신(lysine)	0.2~0.8

(2) 모발의 화학적 구조

1) 주쇄결합

① 펩티드 결합(Peptide bond)

모발의 주쇄결합, 즉 세로결합은 18종류의 아미노산이 펩티드 결합을 순차적으로 반복해서 긴 쇄상이 된 폴리펩티드에 의해 구성되어 있다. 이는 한 개의 아미노산의 아미노기와 다른 아미노산의 카르복실기 사이에서 물(H_2O)이 빠져나오면서 이루어진 화학적 결합으로 3개 이상의 아미노산들이 길게 늘어져 있다. 고리 모양으로 결합하고 있는 것을 폴리 펩티드 체인(poly-peptide chain)이라고 한다.

2) 측쇄결합

① 시스틴 결합(Cystine bone)

S-S 결합은 황 이온 사이의 결합이라고 하여 황 결합이라고도 불리며, 황 이온을 가진 아미노산인 시스틴 사이의 결합이므로 시스틴 결합으로도 불린다.

시스틴 결합은 단일 결합에서 가장 강력한 결합력을 지니고 있으나 특정한 화학물질에 의해 결합이 파괴되기도 하는데, 이 특성을 이용한 것이 퍼머넌트 웨이브(permanent wave) 시술이다.

② 이온 결합(Ionic bond)

염 결합이라고도 하며 폴리펩티드 내의 아미노산 중에서 음극(-)을 띤 화학기(주로 산성기)와 양극(+)을 띤 화학기(주로 아미노기) 사이의 정전기적 결합이 이온 결합이다. 이온 결합은 자석에서 보았듯이 그다지 강력한 결합이 아니지만 많은 수의 이온 결합이 모발 내에 존재하여 강력한 힘을 지니고 있으며, 이온결합을 '염 결합'이라고 부르는 이유는 양극(+)의 나트륨(Na+)과 음극의 염소(Cl-)가 이온 결합을 하여 소금(염, salt)을 만듦의 방식으로 결합한다고 해서 이온 결합을 '염 결합'이라고도 명한다.

③ 수소 결합(Hydrogen bond)

폴리펩티드 체인들로 서로 매우 근접하게 놓여 있으며, 이들 중에서 수소 이온을 지닌 아미노산과 산소이온을 지닌 아미노산 사이에 친화력에 의한 결합이다.

수소 결합은 폴리펩티드 체인들 사이에도 발견되며 나선 모양으로 꼬여 있는 하나의 폴리펩티드 체인 내에서도 발견되며, 수소 결합은 주쇄 결합뿐만 아니라 측쇄 결합에서도 발견된다. 하나의 수소 결합은 매우 약한 결합이나 측쇄 결합들 중에서 가장 많아서 모발의 상태를 유지하려는 힘에 중요한 부분을 차지하고 있다. 수소 결합은 물이나 물리적인 힘에 의해 쉽게 파괴되며, 물이 증발되거나 물리적 힘을 제거하였을 때 다시 결합하게 된다.

④ 소수 결합(Hydrophobic bond)

알코올이나 수지류 등은 시간을 주면 흡수되기 때문에 케라틴(keratin) 중에는 같은 소수성기와 소수성기 사이에는 움직이는 힘이 있다. 이 결합을 '소수 결합'이라고 부른다, 최근 주목받고 있는 결합방식으로 아직 충분하게는 해명되지 않았지만 프록토 피브릴의 형성이나 모발 구성 등과 깊은 관계가 있는 것으로 알려져 있다.

⑤ 펩티드 결합(Peptide covalent)

모발의 케라틴 내에 존재하는 주쇄와 같은 결합 방식으로 그 수는 적지만 가장 강한 결합이다. H_2O가 제거되고 −CO+NH가 강하게 연결된 강한 결합으로 강산, 강알칼리 등에 의해 절단된다.

⑥ 패널·왁스력(반 더 발즈 힘 : Van der Waals force)

반데르 발스 힘은 동일분자 간의 인력에 의한 응집력을 말하나 결합된 것이라고 할 수 없는 약한 결합이다.

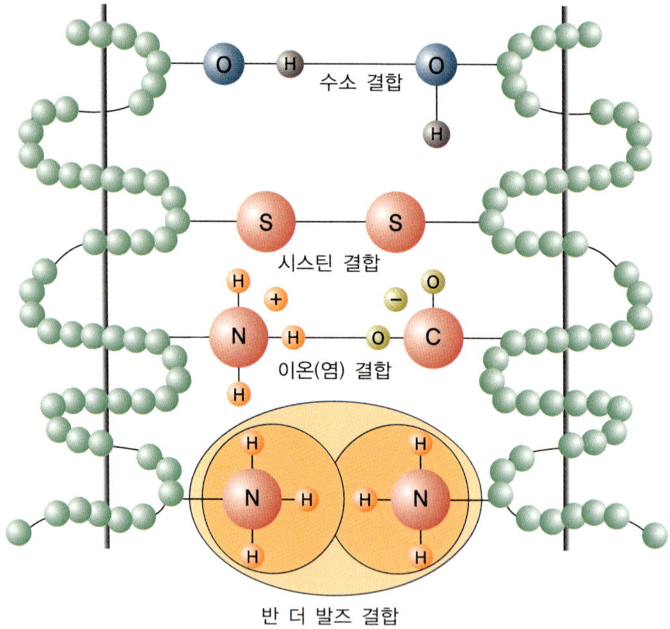

그림 2-3 모발의 화학적 결합

2. 모발 분류

(1) 모발의 종류와 특징

① 정상 모발(건강모)

모표피가 최소 8~10겹 이상으로 단단하고 모표피의 손상이나 이상이 보이지 않으며, 적당한 강도와 보통의 질감을 가진다. 육안으로 윤기가 보이며 만져 보면 탄력과 부드러움을 느낄 수 있는 모발을 말한다.

② 건성 모발

드라이어나 아이론 등의 열기구를 지나치게 사용하거나 다량의 자외선 또는 잦은 샴푸 등으로 단백질 성분이 손상된 상태를 말하며, 샴푸를 하고 하루 정도 지났을 때 모발에 기름기나 윤기가 없는 푸석푸석하고 거친 모발을 말한다.

③ 지성 모발

유전적인 체질이나 내분비의 실소 영양장애 혹은 스트레스, 수면부족 등으로 인해 발생할 수 있는 모발로, 샴푸를 하고 1시간 후에 머리에 기름기가 돌거나 육안으로 보아서도 과다한 피지가 확인될 때는 지성 모발이라고 한다.

④ 탈모성 모발

유전적인 체질이나 갑상선 호르몬의 결핍으로 모구, 모유두, 모모세포 부위의 신진대사 기능저하, 남성 호르몬의 영향, 두피 긴장에 의한 국소 혈류장애, 내분비 실소, 영양장애, 스트레스, 약물 부작용 그리고 피지 분비의 과다 등으로 인해 발생하는 모발이다.

⑤ 저항성 모발

모표피가 지나치게 겹쳐 있어서 단단하고 뻣뻣한 느낌이 드는 질감을 가진다. 모발을 적신 후에 모발로부터 물이 떨어지는 정도가 클수록 저항성 모발이라고 말할 수 있다.

그림 2-4 피부와 두피

모발

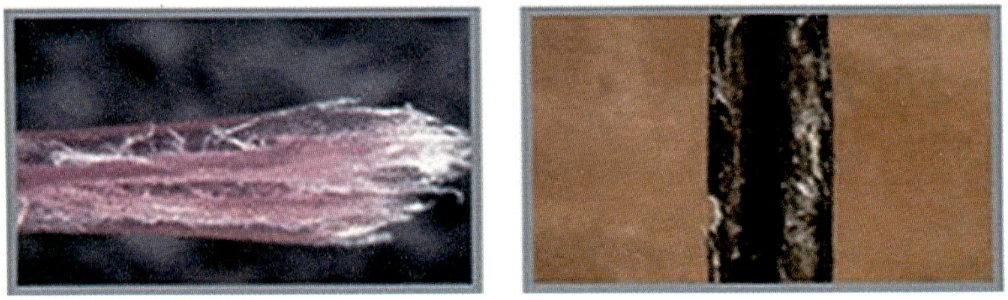

화학 손상모 / 열 손상모

기타

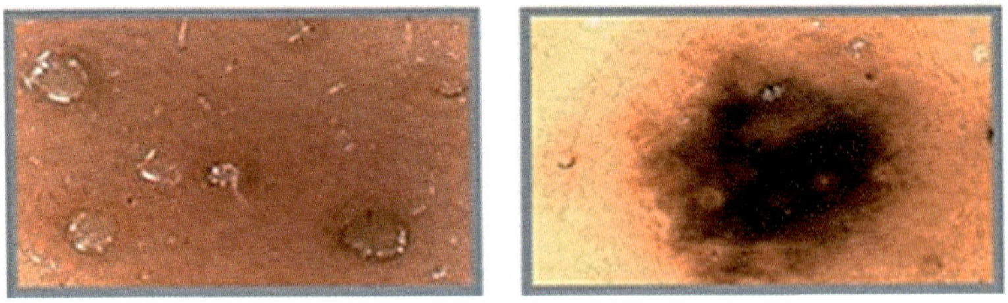

피지 과다분비 / 모반(Oil)

그림 2-5 모발의 손상과 피지

⑥ 곱슬 모발

유전적인 것이 주원인이며 직모에 비해 마찰에 약하고 영구적인 직모로의 시술은 불가능하다.

(2) 모발 손상의 분류

1) 원인에 따른 분류

① 물리적 원인에 의한 손상
② 열에 의한 손상
③ 마찰에 의한 손상
④ 잘못된 커트(Cut)에 의한 손상
⑤ 화학적 원인에 의한 손상
⑥ 퍼머넌트 약품에 의한 손상
⑦ 염색 · 탈색에 의한 손상
⑧ 영양소 결핍에 의한 손상
⑨ 태양광선에 의한 손상
⑩ 일상 환경적인 요인에 의한 손상

② 정도에 따른 분류

• **모발 외부의 손상**

물리적인 자극에 의한 모표피의 손상으로 모표피의 박리 · 소실, 모표피의 주름, 지모, 단모, 열모 등 모발의 외관이 단단히 닫혀 있지 않고 열려 있는 상태이다. 모표피의 치명적 손상으로 모피질의 2차적 재손실이 우려되며 모발 손상의 척도가 되는 곳이다.

• **모발 내부의 손상**

모피질 내의 케라틴 성분이 외부의 물리적 · 화학적 변화에 의해 섬유질 결합이 풀리거나 천연 보습 인자와 간충물질이 소실된 상태이다. 즉, 푸석푸석한 건조 모발로 잦은 염 · 탈색이나 퍼머넌트 웨이브로 손상된 모발에서 자주 볼 수 있다.

2. 두피 생리학

1. 두피의 종류

(1) 정상 두개피부와 정상 모발

① 피지분비가 원활하고 두개피부의 색이 맑고 깨끗하며 모공이 각질과 피지로 막혀 있지 않으며 두개피부색이 맑고 투명하다.

② **형태** : 빠진 머리만큼 다시 나고 머릿결이 검고 윤기가 나며, 모근과 모구가 건강하다.

③ **관리법** : 온도, 바람, 햇볕, 파마, 염색, 드라이어의 사용 등 모발의 손상 요인이 항상 존재하므로 지속적 관리가 필요하다.

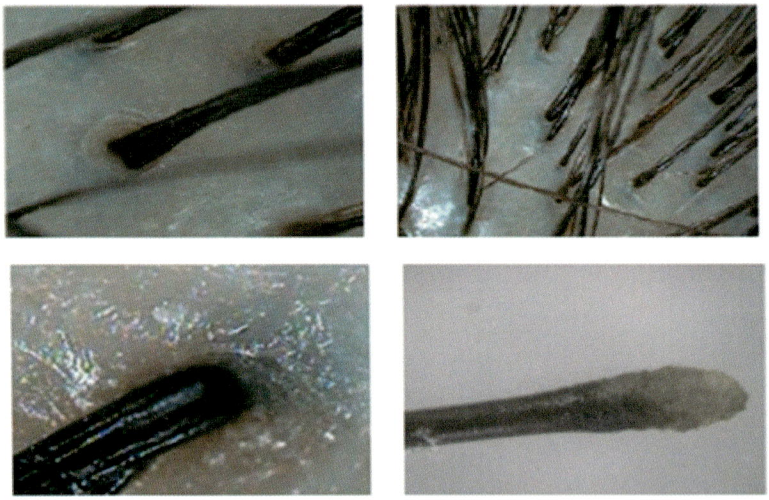

그림 2-6 정상 두개피부와 정상 모발

(2) 건성 두개피부와 건성 모발

① 두개피가 당기는 느낌이 들며 모발이 생기가 없고 거친 느낌이 들면서 끝이 갈라지며, 스타일 연출이 어려운 타입으로 전반적으로 모발이 가늘고 건조하며 손상된 모발이다.

② **형태** : 수분과 유분이 부족하여 윤기가 없고 정전기가 자주 발생하며, 샴푸를 하고 하루 정도 머리를 감지 않아도 모발에 기름기나 윤기가 없는 푸석푸석한 형태이다. 두개피를 문질러 보면 통증을 느끼며 두개피부가 흔들리지 않는다.

③ **관리법** : 샴푸 후에 모발이 건조해지면 브러싱을 하고 두개피에 헤어 오일을 발라서 수분과 유분을 충분히 보충하여 두피와 모발의 건조를 최대한 방지한다.

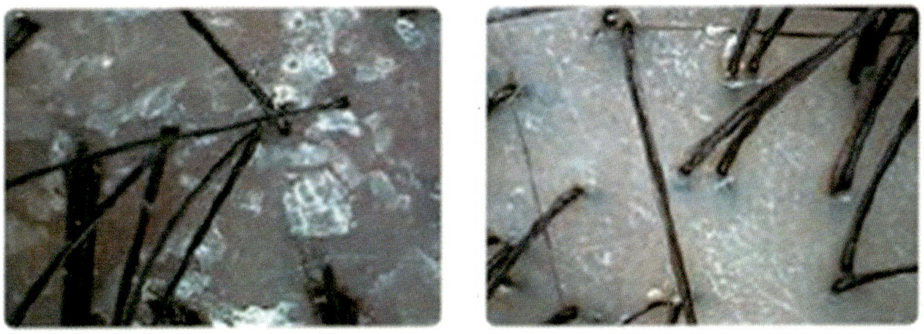

그림 2-7 건성 두개피부와 건성 모발

(3) 지성 두개피부와 지성 모발

① 머리를 감은 지 몇 시간 지나지 않아 머리에 기름이 끼고 냄새가 나며, 모발도 축 쳐지고 볼륨감이 없는 타입으로, 여드름이 났었거나 지성 피부라면 보통 여기에 속하며 한국인의 약 80% 정도가 지성 두개피부 타입이다.

② **형태** : 피지 분비량이 많고 피지와 죽은 세포가 축적되어 비듬이 생기는데 두개피부의 청결이 중요하다.

③ **관리법** : 세정력이 강한 샴푸와 병행하여 사용하고 상태가 심할 경우 샴푸의 횟수를 1일 2회로 늘려 저녁에는 샴푸제를 사용하고 아침에는 미온수로 헹궈 준다.

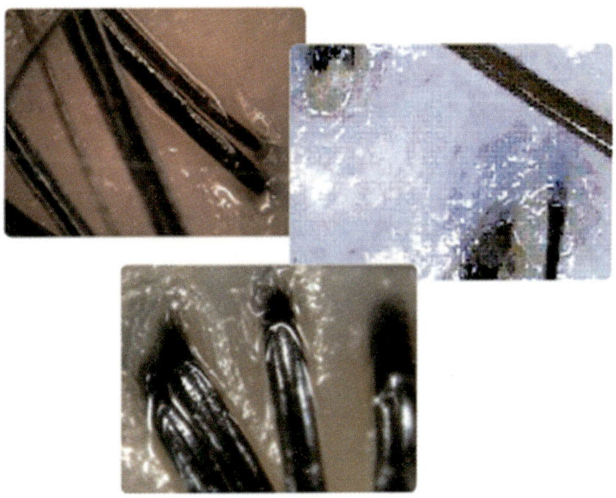

그림 2-8 지성 두개피부와 지성 모발

(4) 복합성 두개피부

1) 지성 두개피부와 건성 모발

① 두개피부는 지성이지만 잦은 펌이나 염색으로 인하여 모발이 건성화된 타입으로 요즘 젊은 여성은 대부분 이 타입이다.

② 형태 : 두개피가 단단해지고 모근에 압박이 가해져 혈액순환이 제대로 이루어지지 않고, 모발에는 영양 공급이 되지 않는 경우이다.

③ 관리법 : 모발에 영양공급을 해줄 수 있는 단백질 성분이 코팅된 헤어 컨디셔너를 사용한다.

2) 건성 두개피부와 지성 모발

• 드문 경우로 이틀에 한 번 정도 샴푸하는 것이 좋다.

(5) 지루성 두개피부

① 전 국민의 약 25% 정도가 해당하며, 잘못 선택한 정발제와 부적절한 샴푸 사용 등을 주된 원인으로 들 수 있다.

② 형태 : 머리가 가렵고 자주 손으로 긁게 된다. 두개피부에 기름기가 덮여 점차 약해지면서 염증이 생긴다. 정상 색깔을 띠지 못하고 붉게 변하거나 부분 충혈되며 염증이 생긴다. 윤기 있는 모양을 내지 못하고 머릿결이 끈적끈적하며 모발이 뭉쳐 풀을 발라 놓은 느낌이 난다. 두개피부는 붉은 빛을 띠며, 황색의 기름기가 많은 각질로 덮혀 있고 가려움증이 나타날 수도 있다. 지루성 습진이라고도 하는데 홍반과 가느다란 인설(鱗屑: 비듬)을 주체로 하는 피부염으로서 20~40대에 많이 발생한다.

③ 관리법 : 관리는 잘 되지만 주기적으로 재발하는 질환으로, 질환을 잘 다스겠다는 자세로 관리에 임해야 한다.

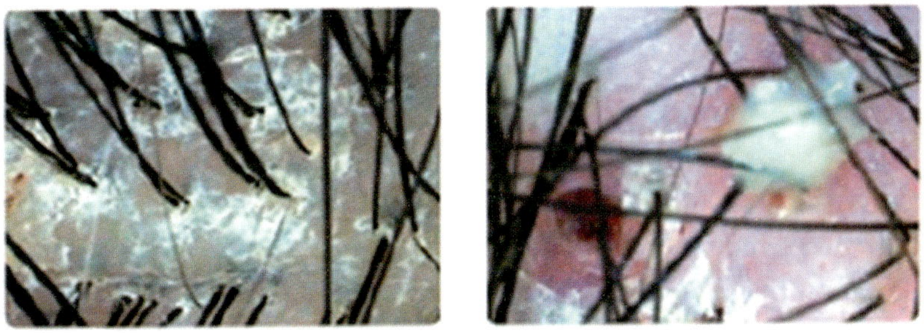

그림 2-9 지루성 두개피부와 지루성 모발

(6) 민감성 두개피부

① 두개피부 부분의 각질이 필요 이상으로 탈락되거나 스트레스 등으로 인하여 예민해진 경우를 말한다.

② **형태** : 모발의 굵기가 가늘고 탄력이 없는 것이 특징이며, 두개피 표면에 얇은 각질층이 존재하며 모공은 혈관이 팽창되어 있는 상태이다.

③ **관리법** : 샴푸 시 두피에 강한 압이 들어가지 않게 마사지하며, 샴푸 후 두피와 모발을 완전히 말려주는 것이 좋으며, 충분한 영양공급이 필요하다.

그림 2-10 민감성 두개피부와 민감성 모발

(7) 비듬성 두개피부

① 비듬이란 두개피부 표면에서 자연히 떨어져 나오는 각질에 지방이나 먼지가 묻어서 생긴 때의 일종이다. 비듬은 모발로 인하여 잘 떨어지지 않아 머리의 살가죽에 쌓인 것으로 비듬이 병적으로 많은 경우를 비듬증이라 하

며, 의학적으로는 건성지루라고 한다. 오래 지속되면 모발이 차차 적어지며, 비강성 탈모증이라고 하는 상태가 된다.

② **형태** : 죽은 세포가 떨어지는 증상으로 눈, 비, 햇빛, 각종 외용제제에 의해 증가한다. 마른비듬과 진비듬이 있으며 긁었을 때 가루처럼 떨어져 내리는 것이 마른비듬이고 손톱 밑에 끼는 것이 진비듬이다.

③ **관리법** : 흥분을 피하고 규칙적인 생활을 하며 머리를 깨끗이 하고 자주 감는다. 비타민 B_2가 풍부한 음식(우유, 육류, 달걀 등)을 섭취하는 한편, 비듬전용 샴푸와 클리닉제를 사용한다.

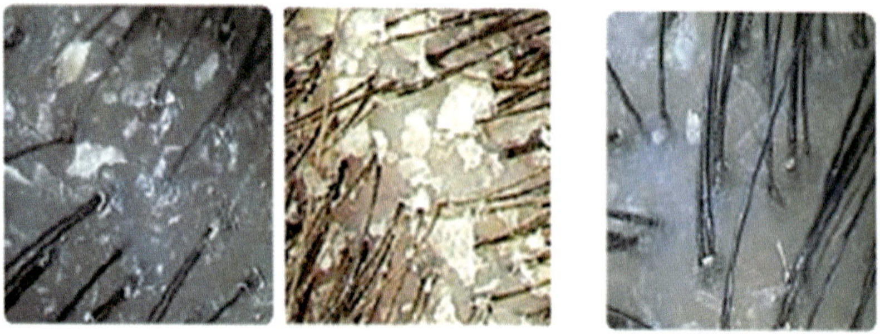

건성 비듬 두피　　　　지성 비듬 두피

그림 2-11　비듬성 두개피부와 비듬성 모발

(8) 탈모성 두개피부

① 굵고 검은 모발이 충분히 자라지 못하고 점점 가늘어지고 힘이 없어지면서 정상보다 훨씬 빨리 빠지도록 작용하여 나타나는 형태이다. 이는 헤어 사이클을 단축시키기 때문이다.

② **형태** : 처음에는 머리카락이 힘이 없고 가늘어지다가 점차 머리가 빠지고 새로 나지 않게 된다.

③ **관리법** : 탈모는 혈액순환의 악화, 영양의 편식, 과도한 스트레스, 부적절한 환경으로 인하여 발생하므로 인간과 환경과의 조화 속에서 건강하고 안락한 생활을 해야 한다.

그림 2-12 탈모성 두개피부와 탈모성 모발

3. 탈모

1. 탈모의 정의

하루에 100개 이상 모발이 탈락되는 것을 탈모라 한다.

정상적으로 자라던 모발이 어떠한 원인에 의해 점차 가늘어지고 빠지며 숫자가 감소하는 증상을 보이며 성장기가 짧아지고 휴지기의 기간이 길어져 성장기 모발조차 완전히 자라지 못한 채 빠져 버리는 비정상적인 상태가 지속되는 현상을 말한다.

2. 탈모의 원인

(1) 유전

① 굵고 검은 모발이 충분히 자라지 못하고 점점 가늘어지고 힘이 없어지면서 정상보다 더 훨씬 빨리 빠지도록 작용하며, 헤어 사이클을 단축시킨다. 처음에는 머리카락이 힘이 없고 가늘어지다 점차로 머리가 빠지고 새로 나지 않게 된다.

(2) 스트레스

(3) 혈액순환 장애

- 두피의 혈액순환 불량 (두개피 근육의 긴장)

(4) 단백질과 철분(미네랄) 결핍

① 영양소 결핍
② 철분(미네랄) 결핍

(5) 잘못된 식사 습관

① 극심한 체중 감량
② 잦은 과식, 야식
③ 인스턴트 식품 섭취

(6) 감염 및 염증성 질환

① 외상
② 발모벽 : 자신의 두발이나 속눈썹 등을 부러뜨리거나 뽑는 결과로 발생
③ 두부 백선 : 머리카락이나 모근에 곰팡이 균이 생겨나는 것을 지칭

(7) 그밖의 다른 원인들

① 머리 당기기(견인성 탈모증)
② 아토피성 체질
③ 모발공해

Chapter 2

샴푸 절차

학습목표

- 두피 · 모발 상태를 파악하여 샴푸할 수 있다.
- 염색, 헤어커트, 펌 시술 전 · 후 등 시술 목적에 따라 샴푸할 수 있다.
- 샴푸성분이 남지 않도록 페이스 라인, 귀, 모발, 두피 등을 충분하게 헹굴 수 있다.
- 샴푸 후 모발 보호제 사용여부를 판단하여 사용할 수 있다.
- 고객의 불편사항을 수시로 점검하여 대처할 수 있다.
- 파마 – 헤어 퍼머넌트 웨이브 유형에 따라 중간세척을 할 수 있다.
- 컬러 – 마무리 샴푸를 할 수 있다.

1. 퍼머넌트 웨이브 샴푸

1. 중간린싱

(1) 중간린싱의 목적

퍼머넌트 웨이브 시술 시 2액(산화제)을 처리하기 전에 중간 린스(헹굼)를 함으로써 모발에 남아 있는 1액의 성분들을 제거하여 1액(환원제)의 환원작용을 중지시킬 수 있다. 또한 산화시간을 단축시키며 컬에 탄력을 주고 모발손상을 줄일 수 있다.

충분히 헹구어 수분을 최대한 제거한 후 2액을 처리하는 것이 좋으며(수분이 많이 남아 있으면 2액의 산화작용을 방해한다), 이때 뜨거운 물 보다는 차가운 물이 좋다.

이는 환원제로 인해 큐티클이 열려 있으므로 모피질이 변형되고 손상되는 것을 방지하기 위함이다. 퍼머넌트 웨이브를 시술할 때 극 손상 두발에 약산성 린스를 사용하면 1액(환원제)으로 인해 알칼리성으로 변한 모발을 안정시키는 데 도움이 된다.

(2) 중간린싱 방법 : 콜드 웨이브

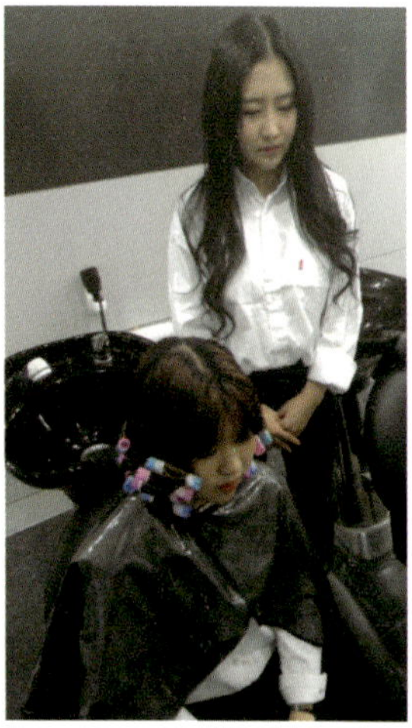

① 퍼머넌트 웨이브 1액의 프로세싱 타임이 완료 된 후 2액 처리 전 중간 린싱에 들어간다. 고객을 경대에서 샴푸실로 안내한다.

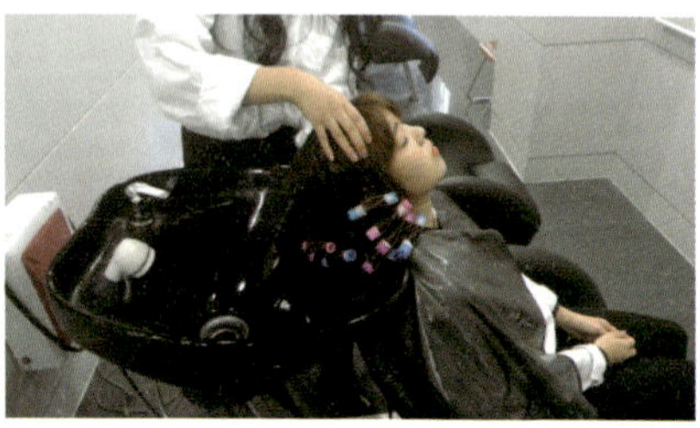
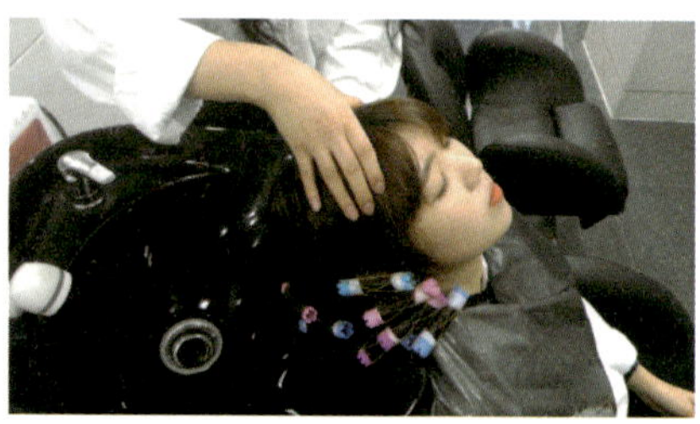

② 고객의 목 뒤를 받쳐 편안한 상태로 샴푸대에 누울 수 있도록 한다.

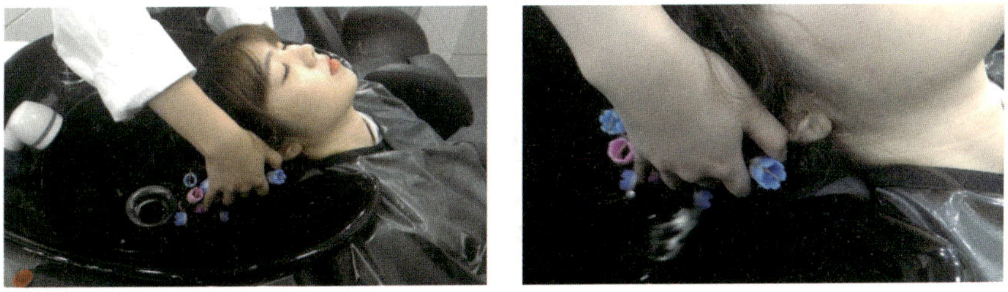

③ 퍼머넌트 웨이브 로드가 샴푸대에 모두 담아질 수 있도록 한다. 로드가 목덜미나 목 뒷부분에 끼면 고객이 불편함을 느끼며 중간 린싱 시 물이나 제품이 흐를 수 있어 주의한다.

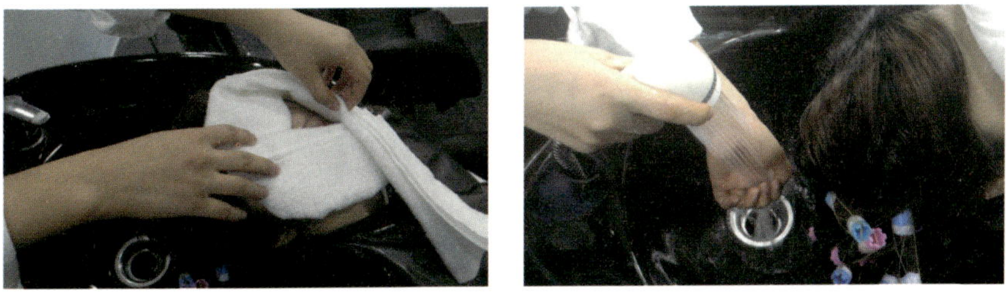

④ 고객이 편안함을 느낄 수 있도록 페이스 타월을 올린 후 물을 틀어 시술자의 손목으로 물의 온도를 체크한다. 이때 물의 온도는 25~27℃ 전후로 일반 샴푸보다 미지근한 물을 사용한다. 모표피가 팽윤된 상태이므로 뜨거운 물은 사용하지 않는다.

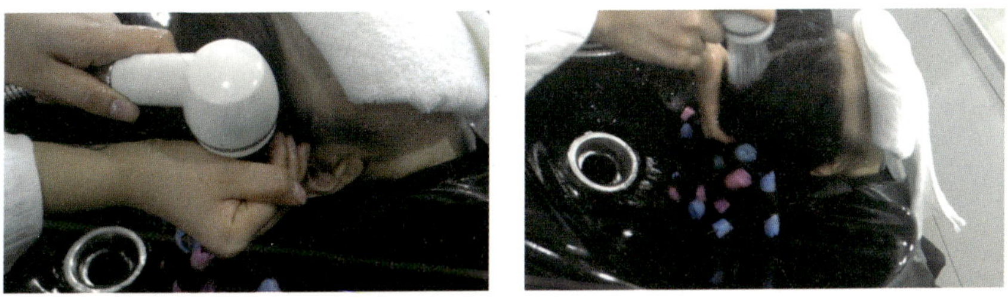

⑤ 고객의 귀 뒷부분에 물을 대 온도를 확인한 후 두상 전체에 물을 뿌린다.

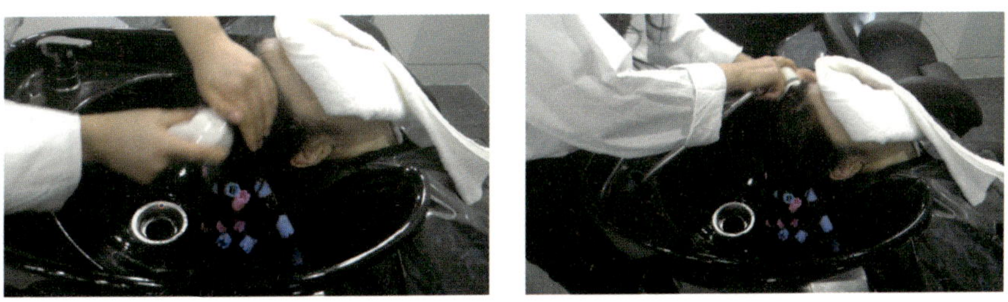

⑥ 얼굴이나 귓속으로 물이 흐르지 않도록 주의하며 전체적으로 물을 도포한다.

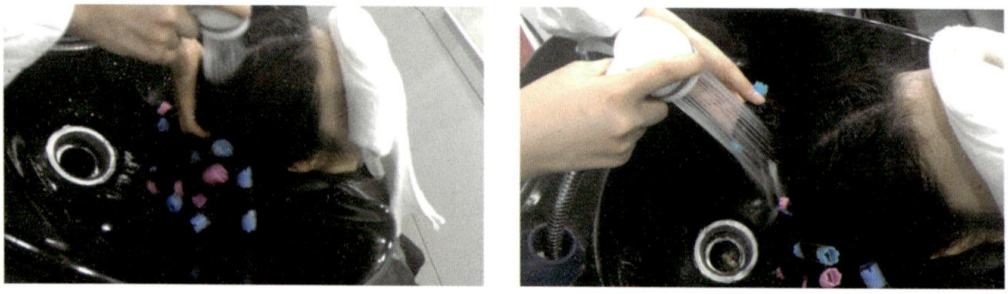

⑦ 고객의 두피는 1액의 프로세싱 타임으로 긴장되고 경직되어 있는 상태이므로 손끝으로 두피를 풀어준다는 느낌으로 압을 약하게 하여 두피를 눌러준다. 그 후 로드 전체에 물을 뿌려준다.

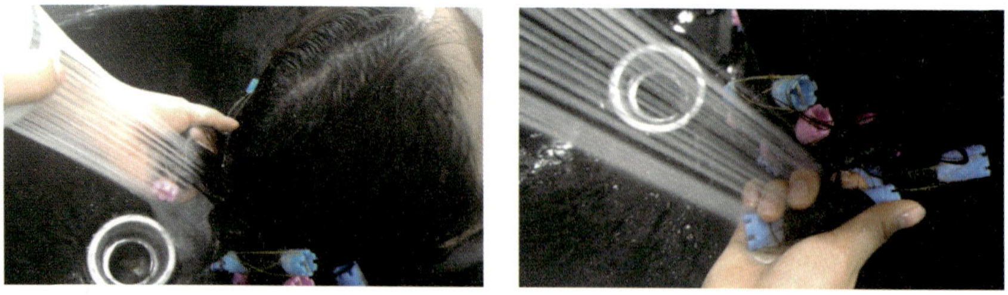

⑧ 로드를 하나하나 집어 물을 도포하여 1액을 헹궈낸다. 이때 과도하게 문지를 경우 퍼머넌트 웨이브의 탄력이 떨어지고 모발에 손상을 줄 수 있으므로 손바닥 전체를 이용해 압을 빼고 잡았다 놓아준다.

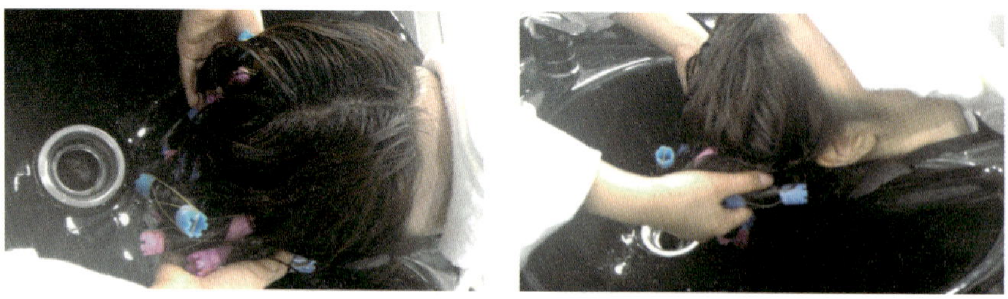

⑨ 퍼머넌트 웨이브의 1액을 헹궈낸 후 로드를 살짝 털어 로드 안쪽에 고여 있는 물을 제거한다.

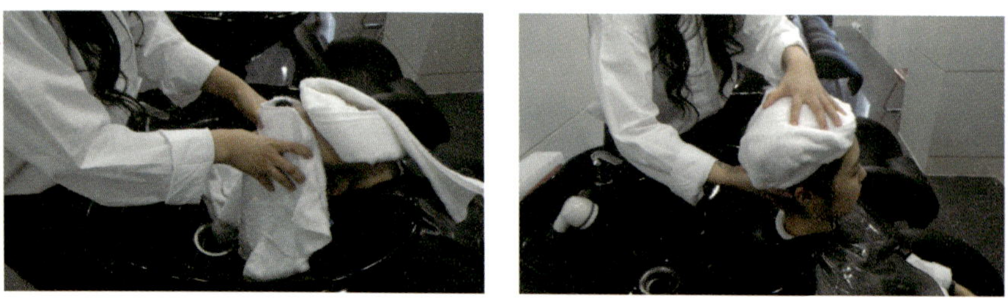

⑩ 타월을 이용해 수분을 최대한 제거한다. 이때 과하게 문지르거나 비빌 경우 모발에 손상을 끼치거나 컬의 탄력이 저하될 수 있으므로 주의한다.

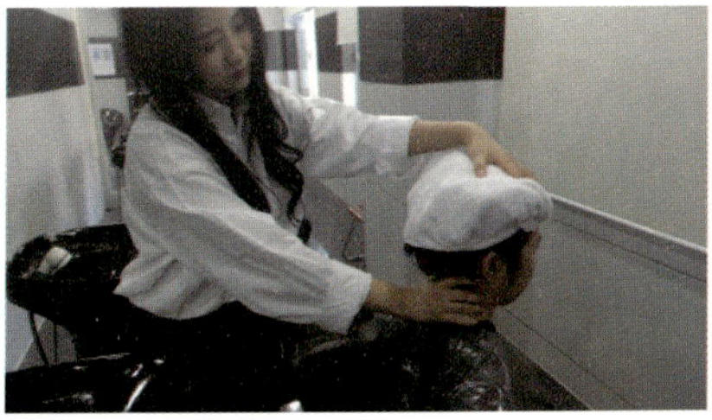
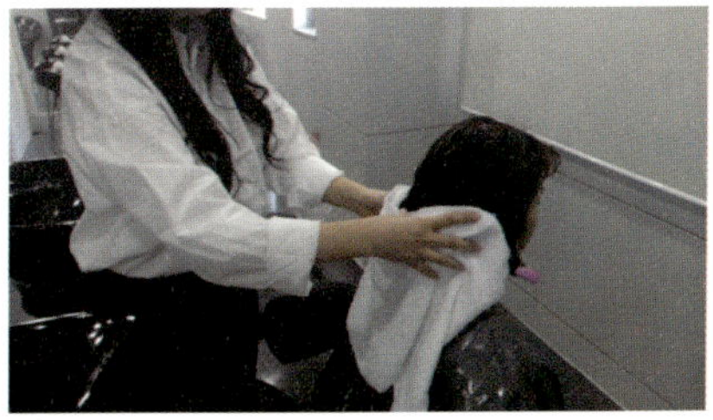

⑪ 페이스 타월을 제거한 후 고객의 목을 받쳐 일으키고, 경직되어 있는 몸을 풀어 주기 위해 목뒤와 어깨를 주물러 준다.

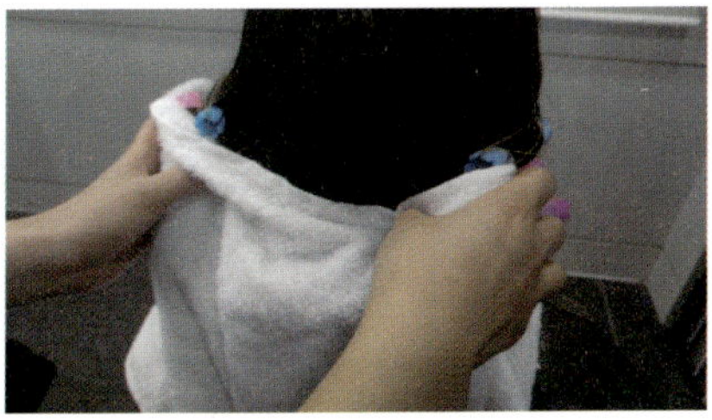
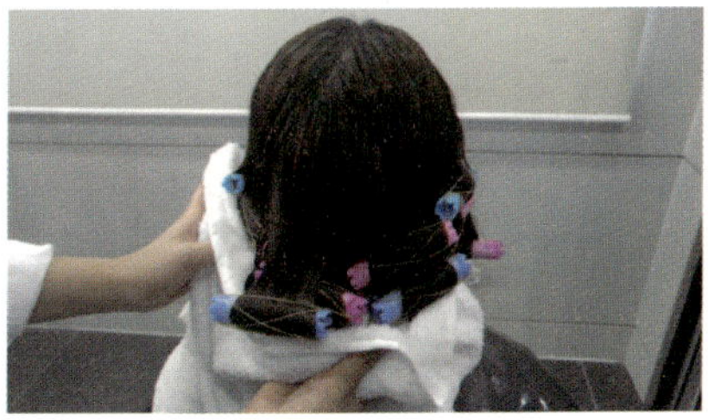

⑫ 수분이 많을수록 2액 처리가 방해되므로 타월을 이용해 최대한 수분을 제거한 후 고객에게 중간 린싱이 끝났음을 알리고 경대로 안내한다.

(3) 중간 린싱(연화 샴푸) 방법 : 히트 웨이브

히트 웨이브(셋팅 펌, 매직 스트레이트 등) 시술 시 1액으로 인한 두발 연화 후 다음 시술 전에 연화 샴푸(헹굼)를 함으로써 모발에 남아 있는 1액의 성분들을 제거하여 1액(환원제)의 환원작용을 중지시킬 수 있다.

충분히 헹구어 수분을 최대한 제거한 후 다음 시술을 작업하는 것이 좋으며 (수분이 많이 남아 작업이 방해된다), 이때 뜨거운 물 보다는 차가운 물이 좋다. 환원제로 인해 큐티클이 열려 있으므로 모피질이 변형되고 손상되는 것을 방지하기 위함이다. 극손상 두발을 시술할 때 연화 샴푸 시 약산성 린스를 사용하면 1액(환원제)으로 인해 알칼리성으로 변한 모발을 안정시키는 데 도움이 된다.

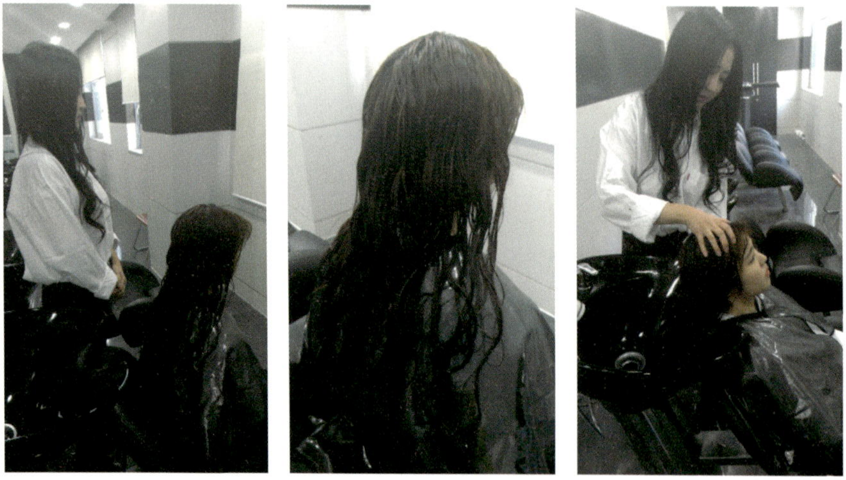

① 1액의 프로세싱 타임 후 연화작업이 끝난 고객을 경대에서 샴푸실로 안내한다. 샴푸대에 착석 후 편안히 누울 수 있도록 고객의 목 뒤를 받쳐 준다.

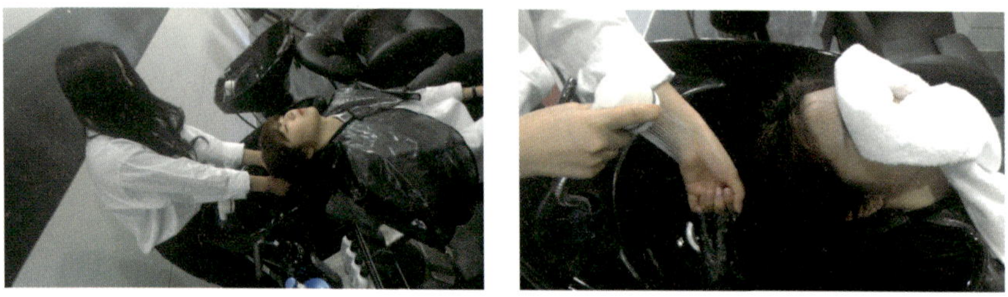

② 고객이 샴푸대에 편안하게 누웠는지 확인 후 페이스 타월을 올리고 물을 틀어 손목으로 온도를 체크한다. 이때 물의 온도는 25~27℃ 전후의 미지근한 물을 사용한다. 뜨거운 물 사용 시 모표피가 팽윤되어 있어 모발에 손상을 주거나 컬의 탄력을 저하시킬 수 있다.

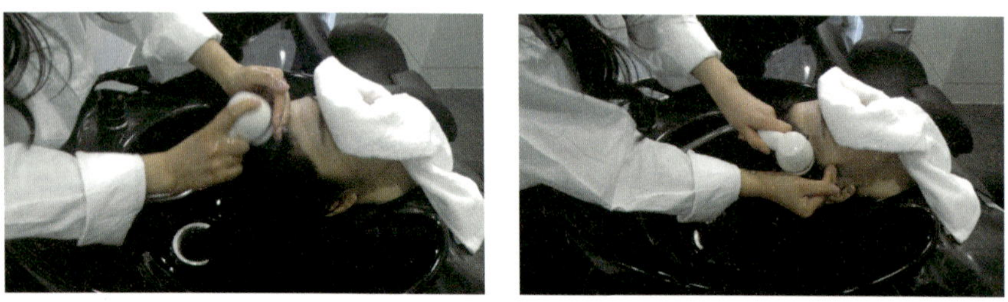

③ 고객의 얼굴이나 목뒤, 귓속으로 물이 흐르지 않도록 주의하며 두상, 두발 전체에 물을 도포한다. 모표피가 연화(팽윤)된 상태이므로 과하게 문지르거나 비비지 않는다.

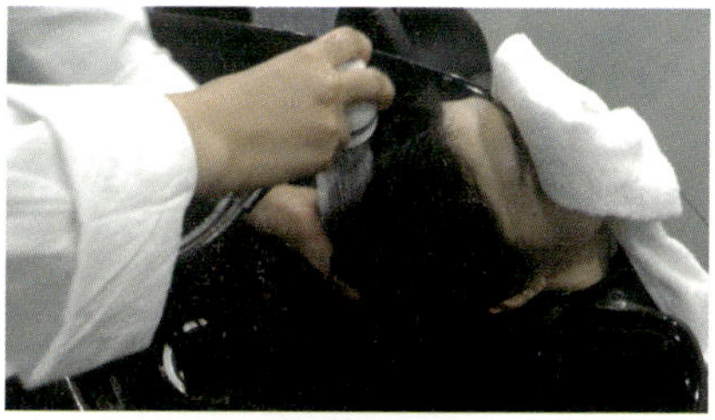
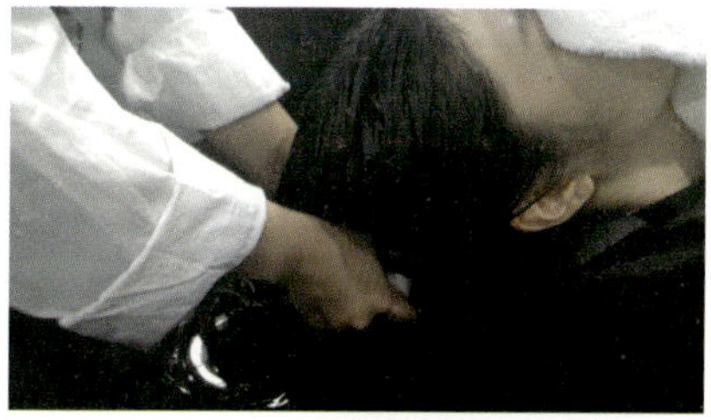
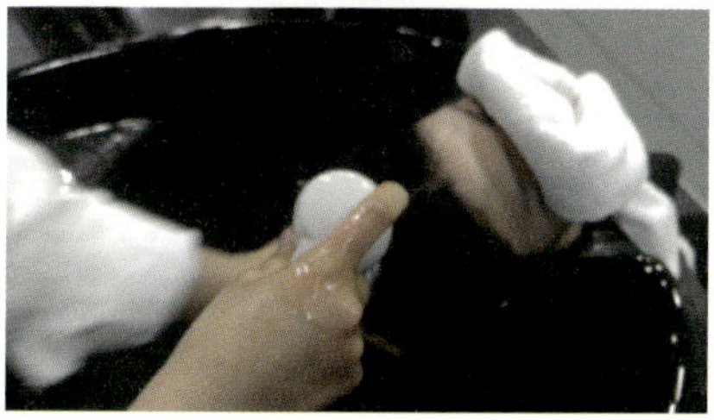
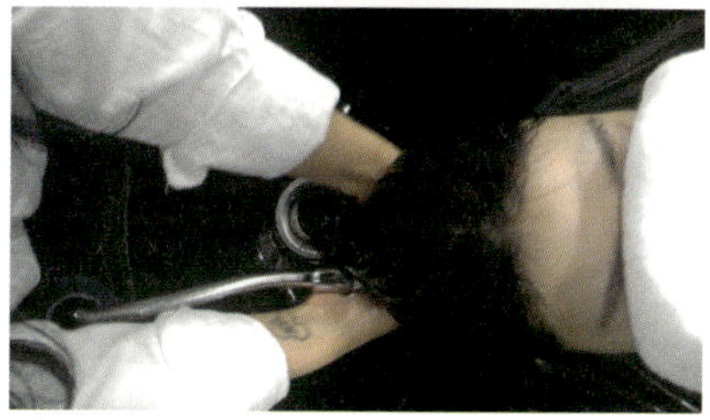

④ 대부분의 연화 샴푸는 샴푸제나 린스제 등의 제품을 따로 이용하지 않으며(극손상모이거나 과연화 시 트리트먼트를 사용하는 경우는 있다), 1액을 깨끗하게 제거한다는 느낌으로 헹궈 낸다.

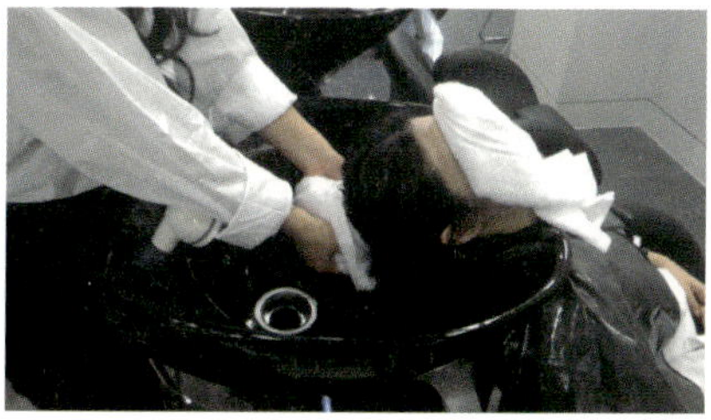
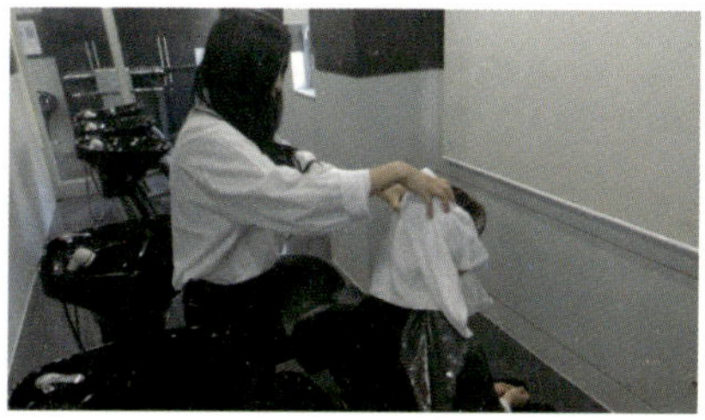

⑤ 헹굼이 끝나면 충분한 타월 드라이로 수분을 최대한 제거하여 다음 시술이 용이하도록 한다.

2. 퍼머넌트 웨이브 후 마사지

(1) 마사지의 목적

중화가 끝나면 와인딩된 로드를 제거한다. 이때 고객의 두피가 긴장되어 있는 상태이므로 고객의 모발이 세게 당겨지지 않도록 주의하며 부드럽게 제거한다. 오랜 시간 펌으로 인해 긴장된 두피를 풀어주기 위해 가볍게 마사지를 한 후 샴푸를 하도록 한다.

(2) 마사지 방법

 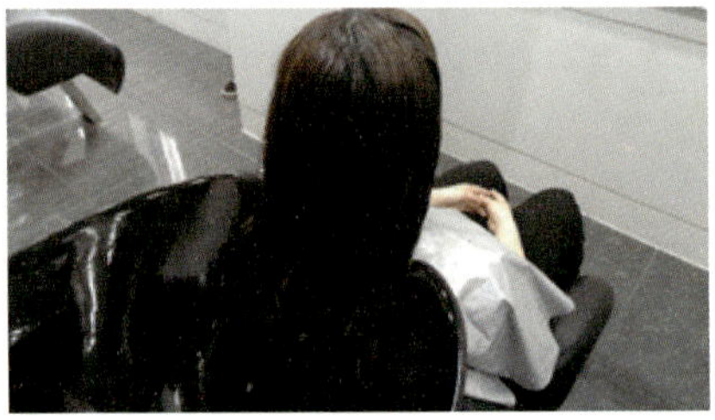

① 고객의 모발이 세게 당겨지지 않도록 유의하며 로드를 풀어 준다.

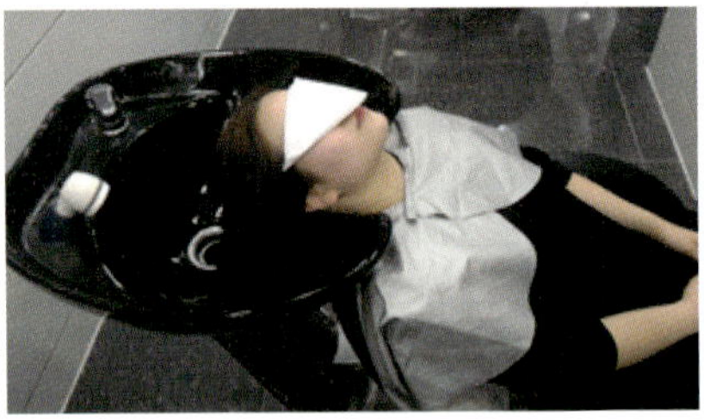 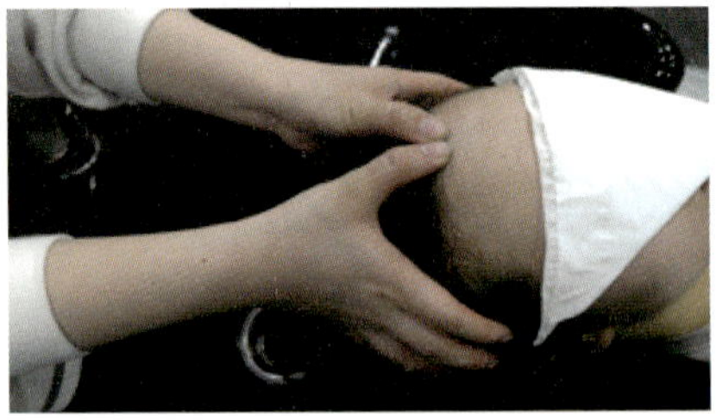

② 고객을 샴푸대에 눕힌 후 안정감을 주기 위해 페이스 타월로 눈을 가려준다. 페이스 라인을 엄지손가락으로 원을 그리듯 지압한다. 고객의 두피가 긴장되고 경직되어있는 상태이므로 압을 세게 주지 않고 부드럽게 진행한다.

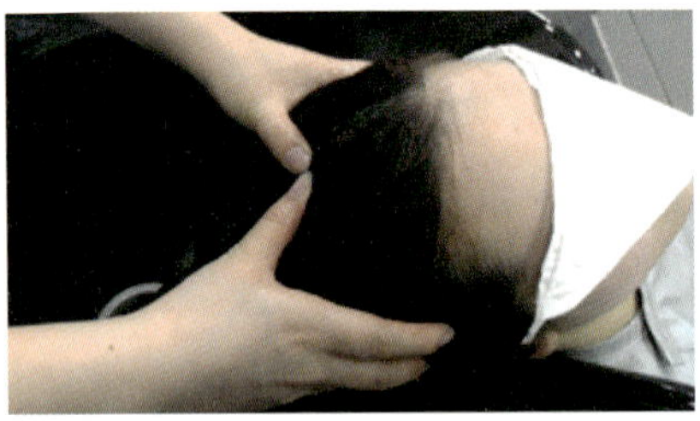 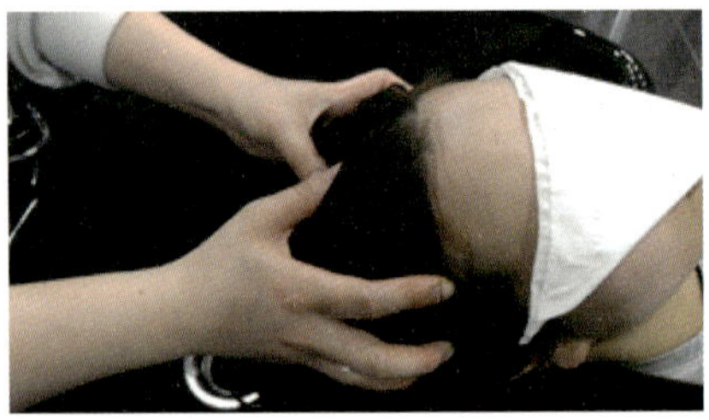

③ 센터 포인트에서 네이프 포인트까지 내려갔다가 다시 올라오면서 지압한 후 손가락 끝 지문을 이용해 전두부 전체를 골고루 지압한다. 이때 압이 너무 세지 않도록 주의한다.

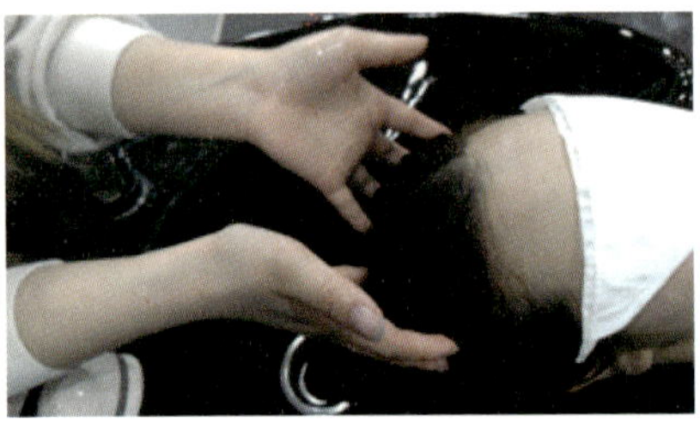 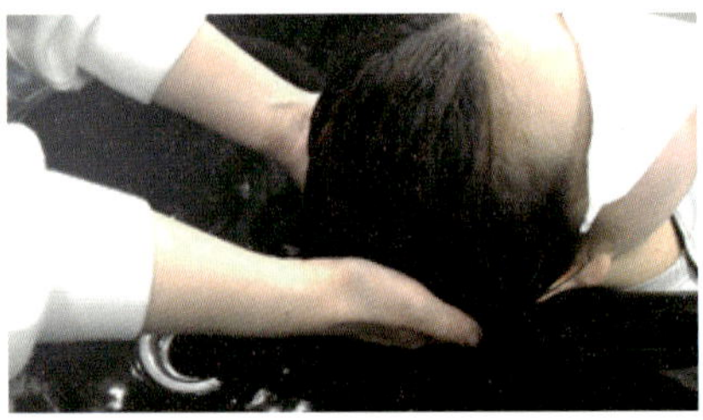

④ 손의 방향을 바꿔 전두부에 이어 후두부 및 네이프의 목선까지 깊게 지압한 후 마무리 한다.

3. 퍼머넌트 웨이브 후 세척

(1) 펌 모발 세척의 목적

퍼머넌트 웨이브 후 샴푸나 린스등의 제품은 pH 밸런스를 맞춰주거나 손상된 두발에 영양을 줄 수 있는 제품을 사용하는 것이 좋다. 알칼리성인 퍼머넌트 웨이브 1제는 모표피를 팽윤시키고 pH 4.5~5.5인 모발을 알칼리쪽으로 끌어당기기 때문에 다시 등전점을 맞춰주기 위해 두발의 pH 등전점을 잡아줄 제품을 사용하는 것이 좋다.

퍼머넌트 웨이브 후 샴푸보다 린스나 트리트먼트를 사용하는 경우가 많은데, 이것은 컬의 탄력성을 유지시키기고 팽윤된 모표피에서 모피질의 간충물질 소실을 막기 위한 것이다.

(2) 퍼머넌트 웨이브 후 린스 방법

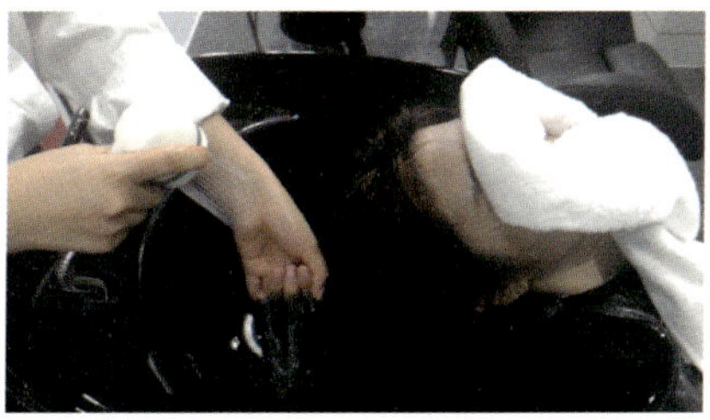

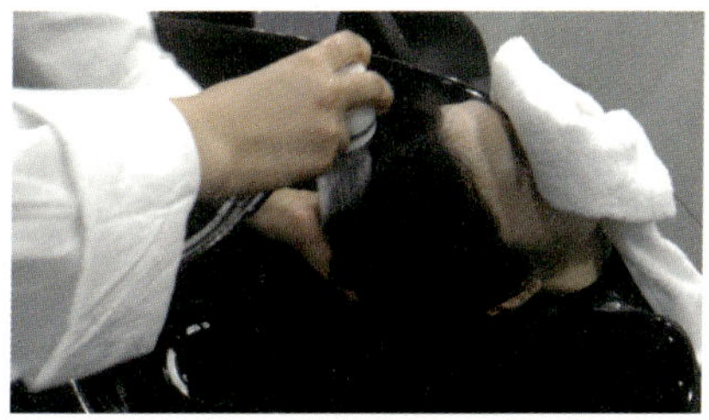

① 퍼머넌트 웨이브 후 마사지가 끝난 고객의 두피와 두발에 물을 도포한다. 물의 온도는 25~27°C 전후의 미지근한 물을 사용하여 컬의 탄력이 떨어지지 않게 한다.

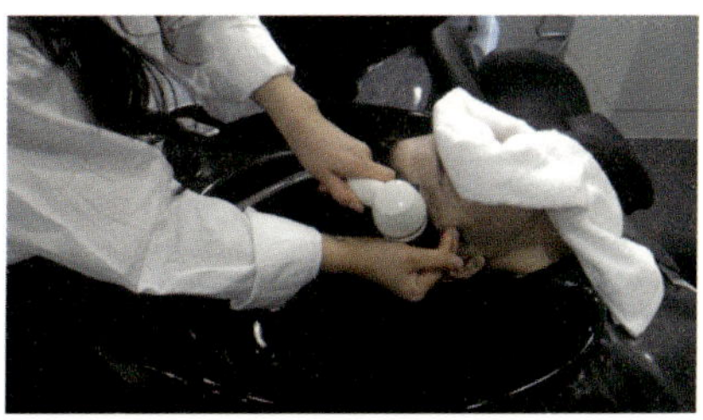

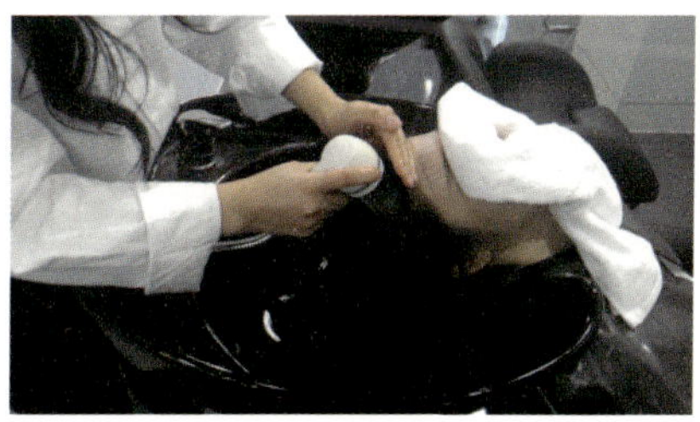

② 2액을 모두 제거한다는 느낌으로 물을 이용해 충분히 헹궈 낸다.

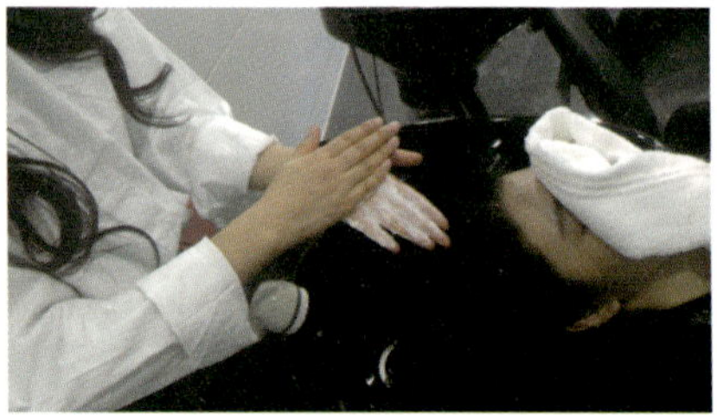

③ 컬의 탄력을 높여주고 pH 밸런스를 맞춰 주며 두발에 영양을 공급할 수 있는 린스제나 트리트먼트제를 사용한다.

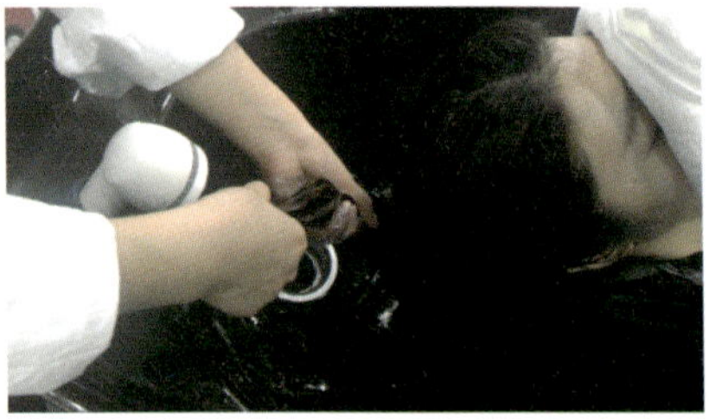
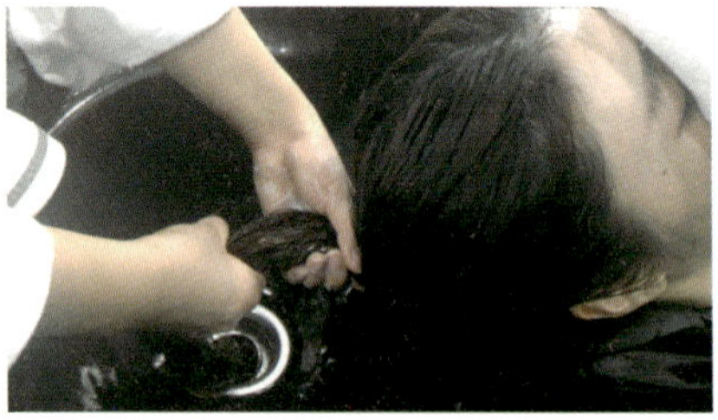

④ 시작은 두발 끝에서부터 도포하며 점차 두상 쪽으로 올라가면서 도포한다. 과하게 당기거나 비비면 컬의 탄력이 떨어지므로 주의한다.

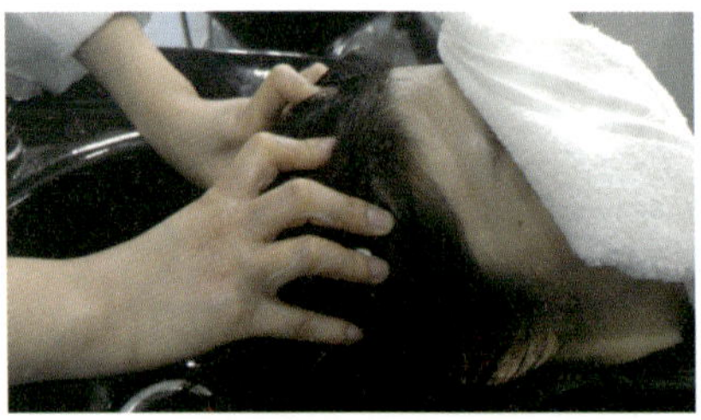
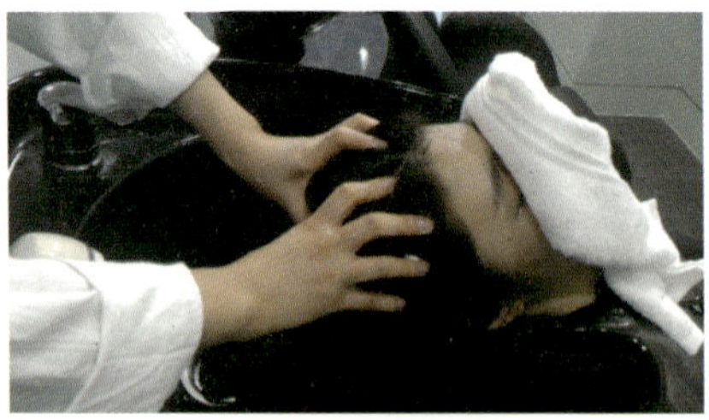
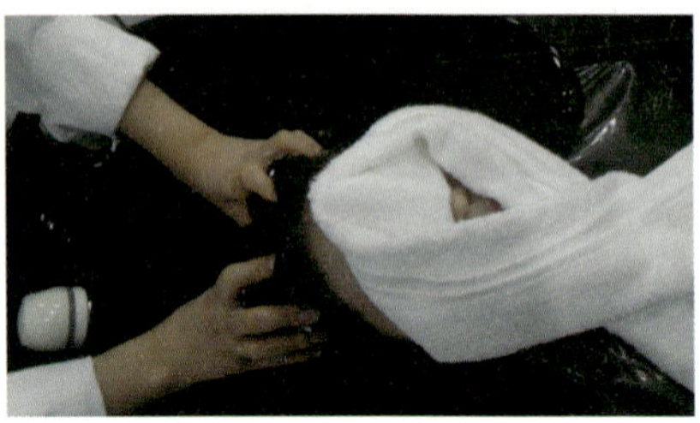
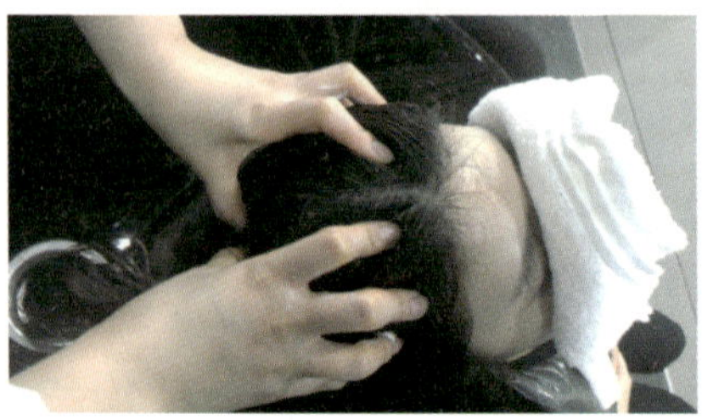

⑤ 경혈점 지압 후 두상의 전체를 손가락 지문을 이용해 지압한다. 퍼머넌트 웨이브로 인해 고객의 두피가 긴장되고 경직되어 있는 상태이므로 부드럽게 지압한다.

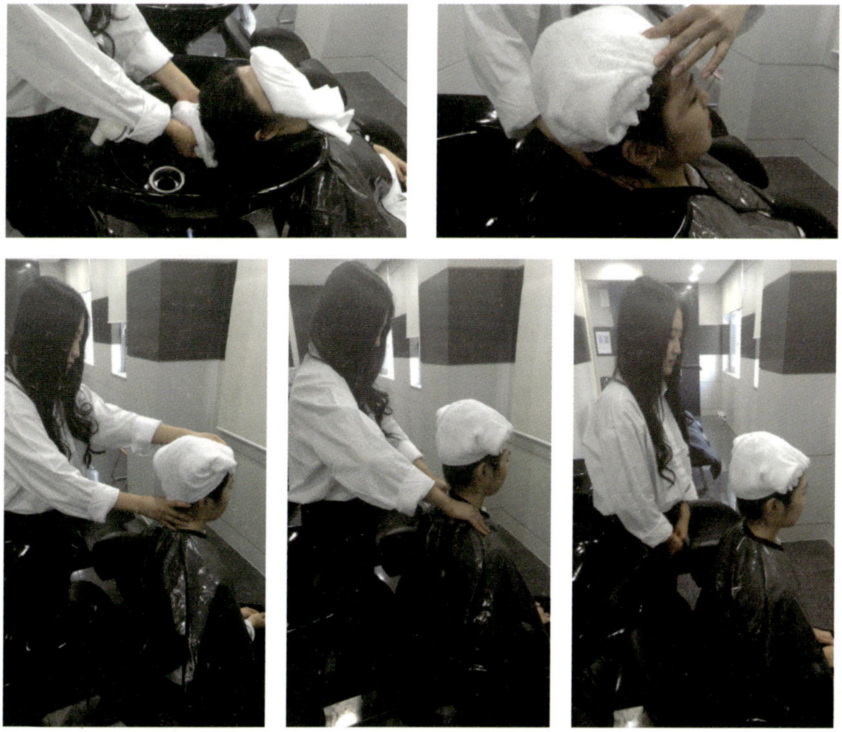

⑥ 깨끗하게 헹궈낸 후 타월 드라이하여 마무리한다.

2. 염색 샴푸

1. 유화 샴푸

(1) 유화 샴푸의 목적

염색의 발색과 유지력을 높이기 위해 샴푸하기 전 행하는 것으로 헤어 라인과 두피를 손가락 끝 지문으로 원을 그리듯 부드럽게 마사지한다. 남은 헤어 컬러 제품을 제거하고 두피의 트러블을 예방하며, 샴푸 시 잔여물이 남지 않도록 돕는다. 이때 모발의 마찰을 최소화하여 모표피의 손상을 방지한다.

(2) 유화 샴푸의 방법

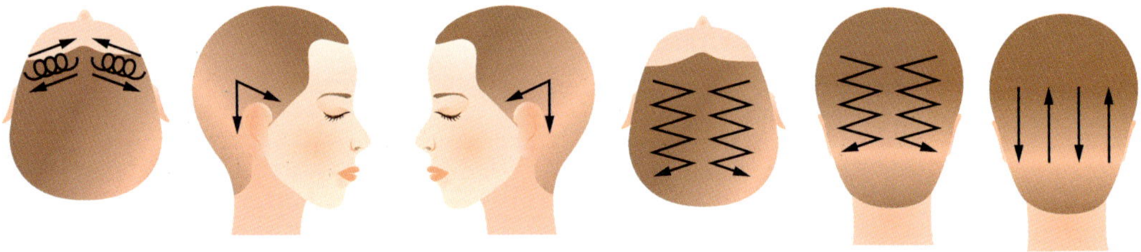

그림 2-13 유화 샴푸 마사지 방법

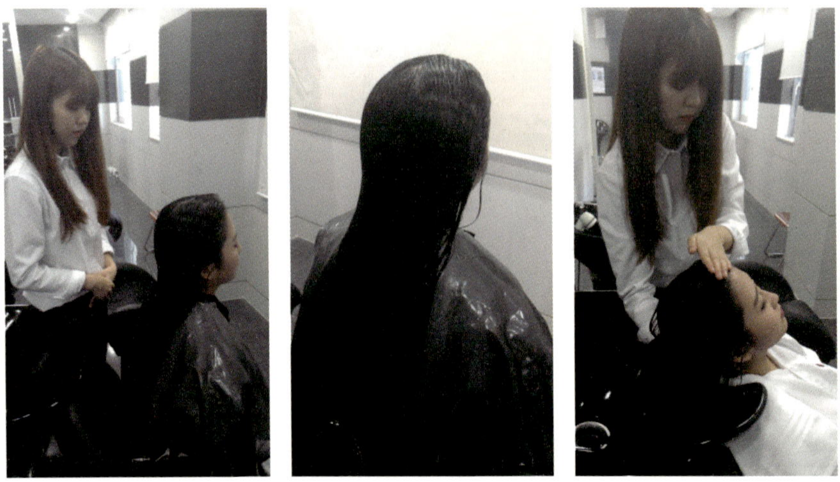

① 고객의 염색 프로세싱 타임이 끝난 후 경대에서 샴푸실로 안내한다. 고객이 샴푸대에 편안히 누울 수 있도록 목을 받친다. 긴 두발의 경우 두발을 모두 잡아 샴푸대 안에 넣은 후 눕힌다.

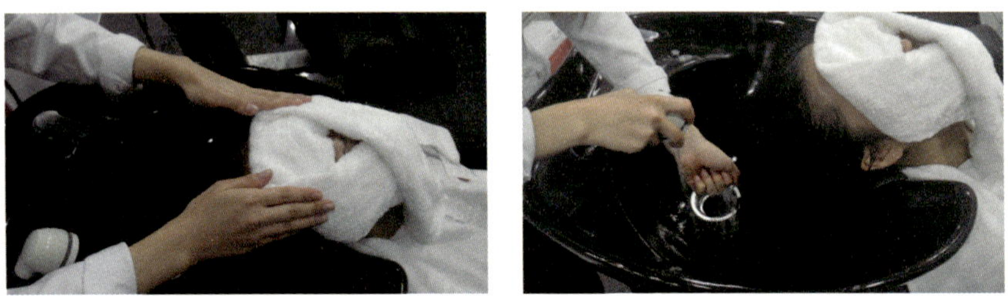

② 고객이 편안할 수 있도록 페이스 타월을 올린 후 시술자의 손목으로 온도 체크를 한다. 물의 온도는 25~27℃ 전후로 미지근한 물을 사용하며 뜨거운 물 사용 시 컬러가 퇴색되거나 두발에 손상을 줄 수 있어 주의한다.

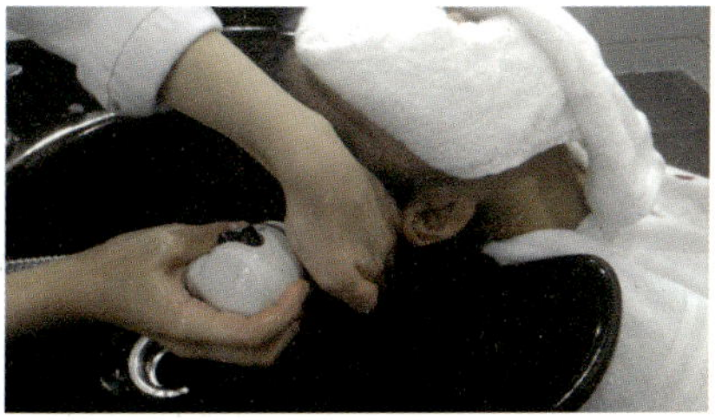
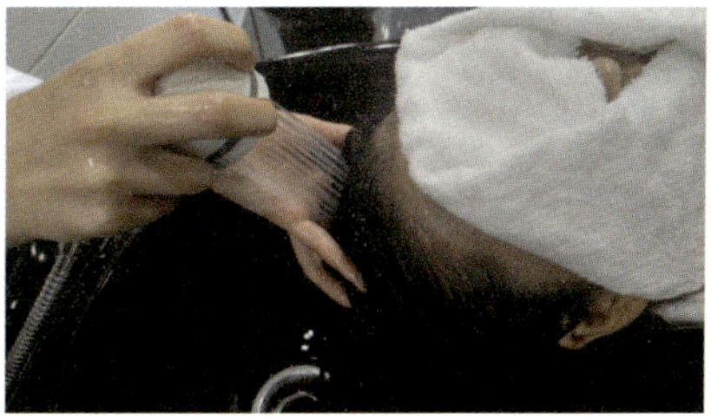

③ 고객 귀 뒷부분에 물을 대 온도가 괜찮은지 묻고 두상과 모발 전체에 물을 도포한다. 방치시간 관계로 염모제가 굳어 있으므로 충분히 도포한다.

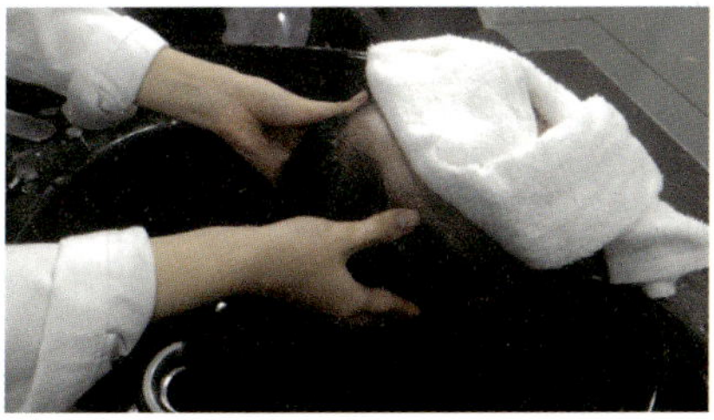
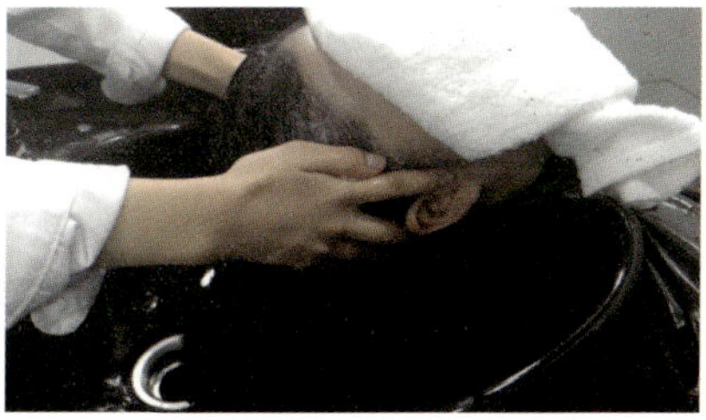

④ 충분히 물을 도포하여 굳어있는 염색제가 풀리면 본격적인 유화샴푸를 시작한다. 엄지손가락으로 페이스 라인을 따라 좌우로 굴려준 후 검지와 중지를 벌려 귀 사이로 넣어 구레나룻과 귀 뒷부분을 문지른다.

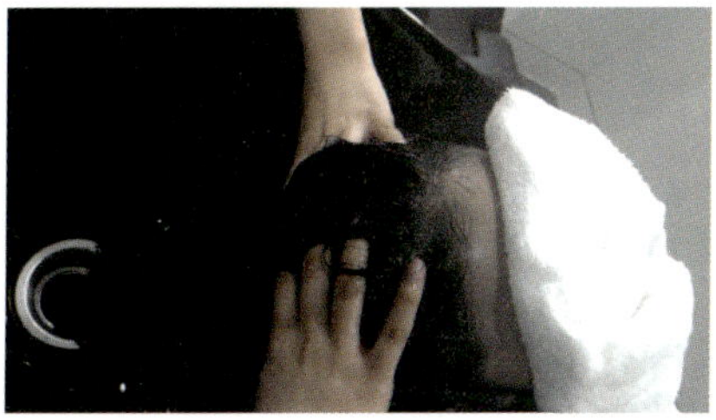
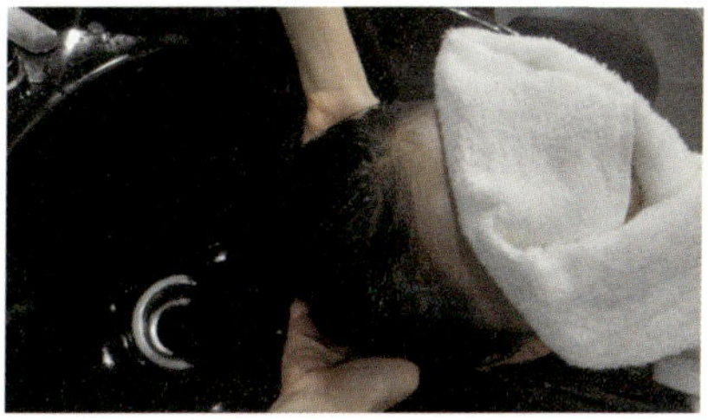

⑤ 전두부와 후두부는 손가락을 크로스하여 문지른다. 이때 두발이 엉켜 고객이 아프지 않도록 주의한다.

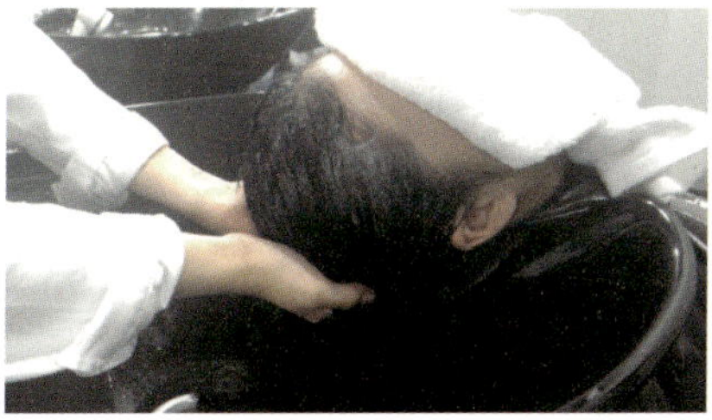
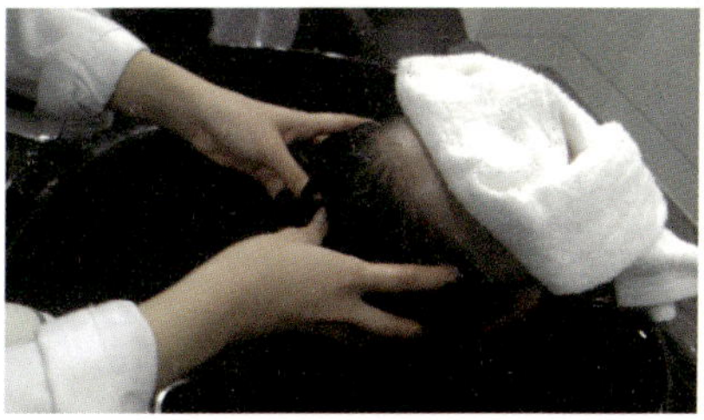

⑥ 네이프 라인은 손이 잘 닿지 않으므로 두상을 살짝 들어 올려 손가락을 깊숙이 넣어 문지른다. 손을 과하게 넣을 경우 고객의 옷 안에 제품이 흐를 수 있어 주의한다.

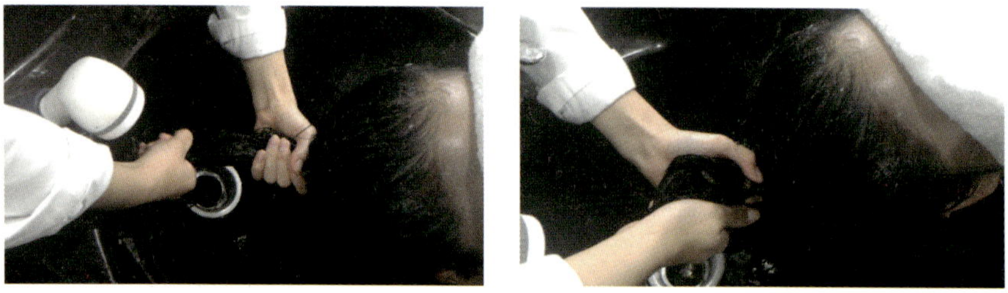

⑦ 두상 전체를 지압하듯 문질러준 후 모발을 감아 조물조물 문지른다.

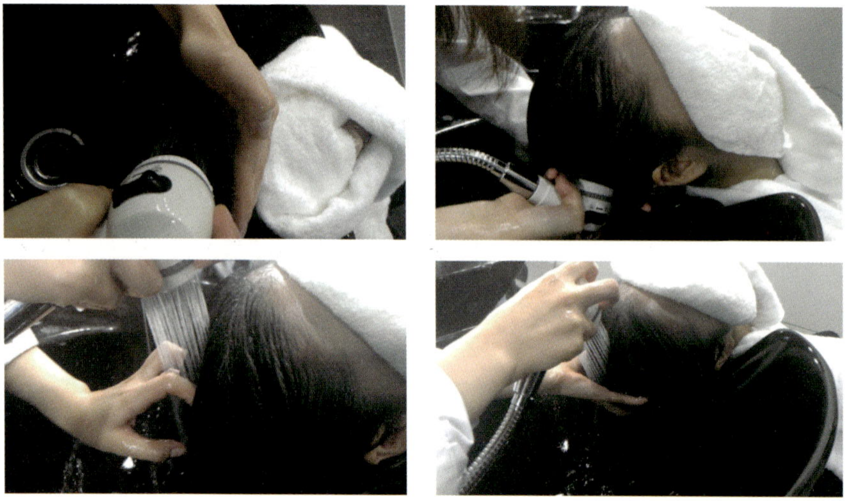

⑧ 미지근한 물로 두상 전체를 꼼꼼히 세척한다. 손가락을 이용해 두피와 두발을 빗어 내리듯 세척하며 두발이 엉키지 않도록 주의한다. 특히 네이프 라인은 잘 닦이지 않으므로 두상을 살짝 들어 올려 깨끗하게 세정한다.

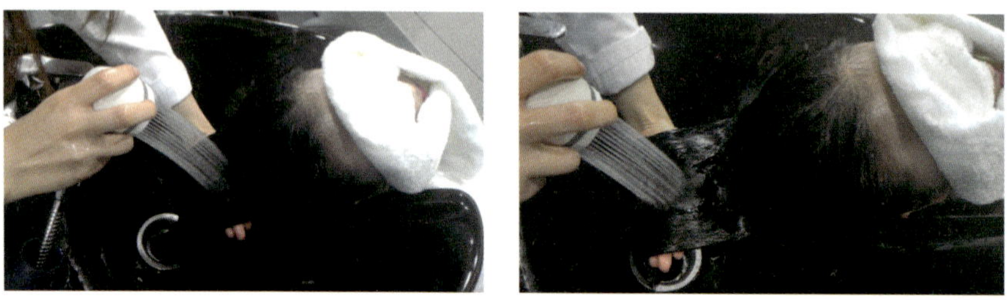

⑨ 샤워기의 수압을 이용해 두발을 세척한다. 두발을 비비거나 당기면 엉키거나 손상이 올 수 있으므로 주의하며 마무리 한다.

2. 염색 샴푸

(1) 염색 샴푸의 목적

컬러링 시술 후 샴푸제는 컬러링 제품의 pH에 따라 산성, 중성, 알칼리성 제품을 선택하여 샴푸한다. 일반적인 알칼리성 제품의 염색 후에는 산성샴푸를 사용해야하며 염색으로 인한 두피 자극 및 모발 손상을 고려해 일반적인 샴푸 보다 강도를 낮춰서 진행해야 한다.

(2) 염색 샴푸의 방법

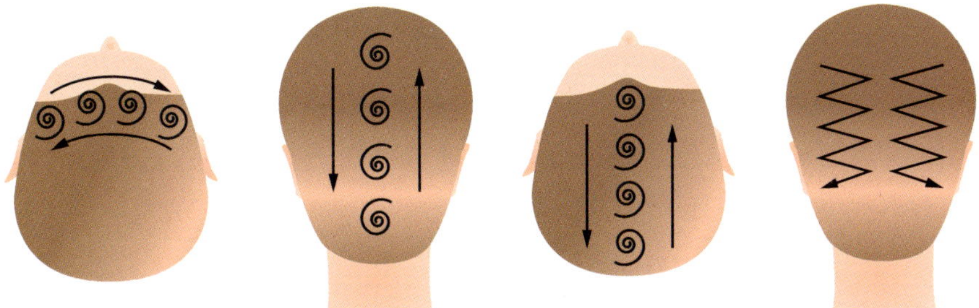

그림 2-14 염색 샴푸 마사지 방법

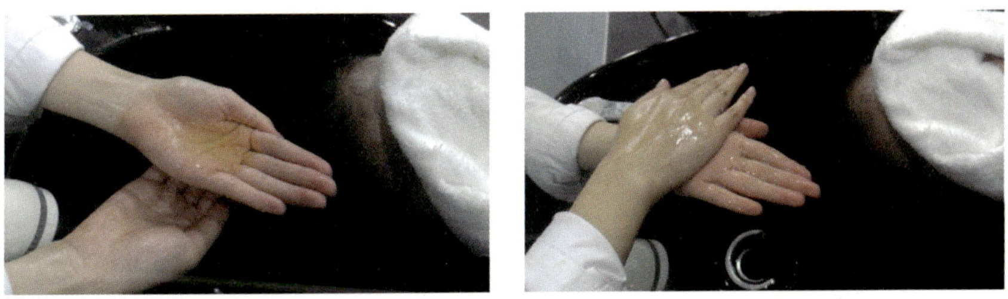

① 염색의 착색과 발색에 도움을 주는 컬러링 샴푸제를 이용해 샴푸한다. 고객의 두발 길이를 보고 샴푸제의 양을 결정하고 손바닥으로 블렌딩한다.

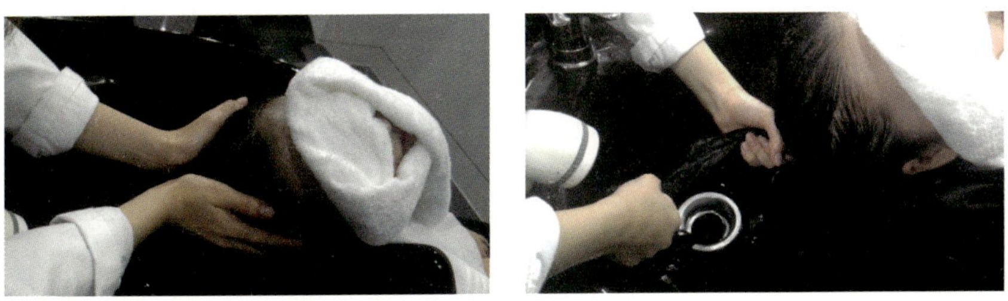

② 제품을 두상과 두발에 골고루 도포한다. 긴 머리의 경우 두발에도 꼼꼼히 도포한다.

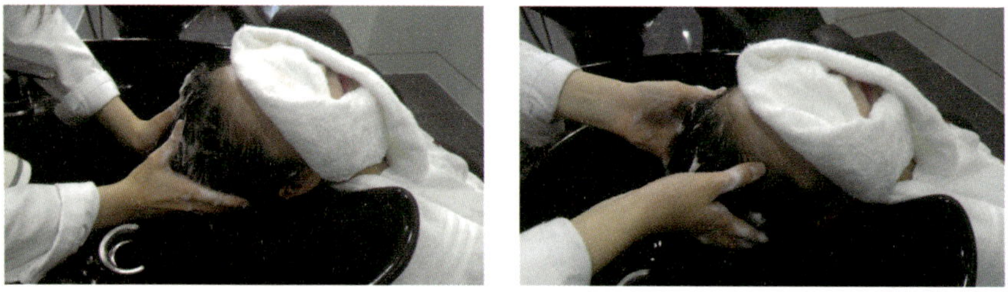

③ 손바닥 전체를 이용해 충분히 거품을 낸 후 센터포인트에서 이어포인트의 헤어 라인을 좌우로 문지른다.

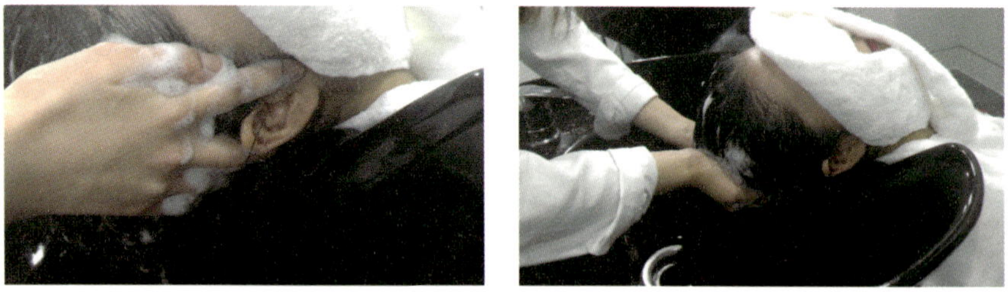

④ 귀의 앞쪽과 귀 뒷부분을 꼼꼼히 세정하며 네이프 라인을 따라 손가락 지문을 이용해 좌우로 문지른다.

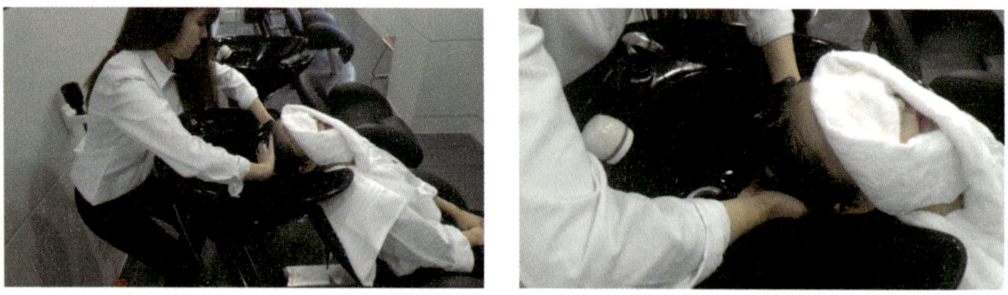

⑤ 전두부와 후부두는 손가락을 크로스하여 문지르고 이때 두발이 엉키지 않도록 주의한다. 염색 후 압을 가해 고객에게 청량감을 줄 수 있도록 한다.

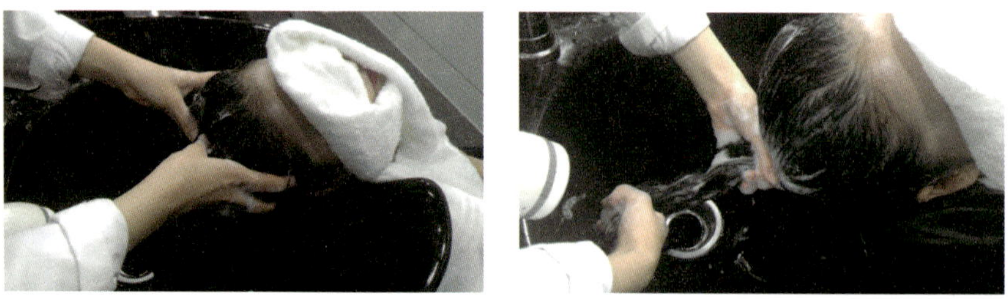

⑥ 두상 전체를 문지른 후 두발을 모아 손에 담고 조물조물 눌러 준다. 이때 두발을 꼬거나 비비지 않도록 한다.

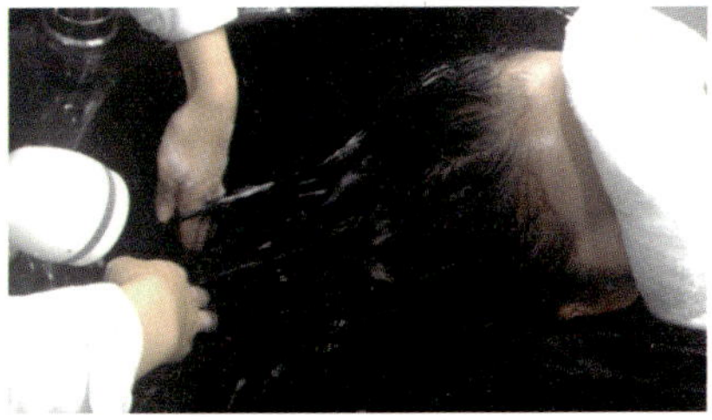

⑦ 두발을 모아서 세척한 후 다시 펼쳐 손가락 사이로 세척한다. 모발을 뭉쳐 세척하면 염료제가 남아있을 수 있기 때문에 펼쳐서 세척한다.

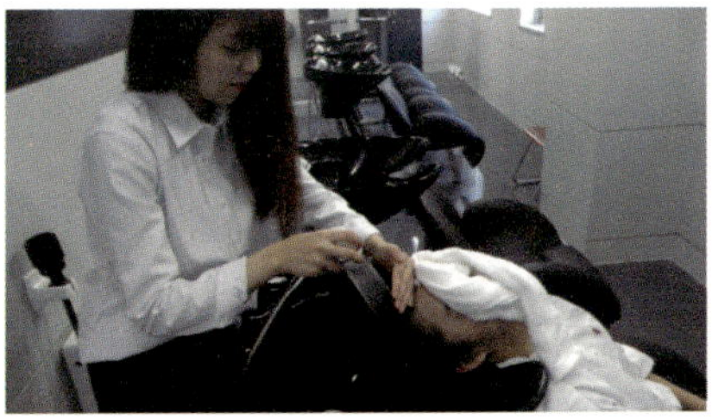
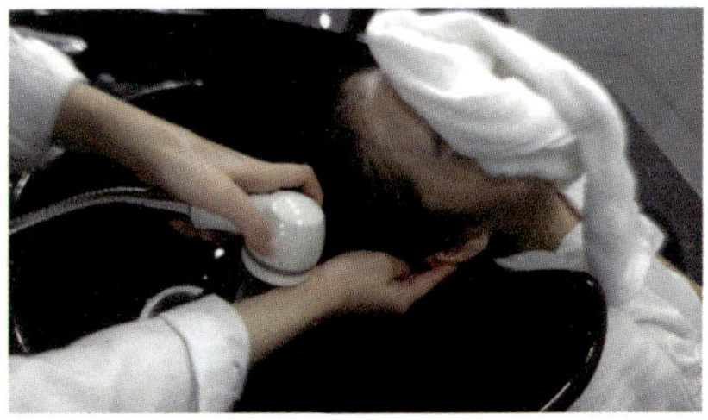

⑧ 미지근한 물을 이용해 제품을 꼼꼼히 헹궈 낸다.

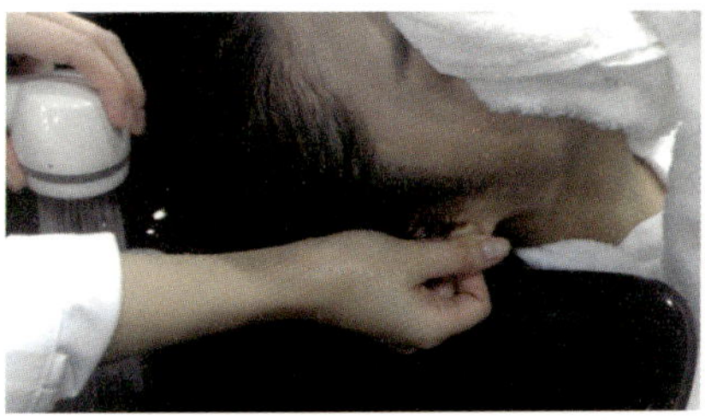
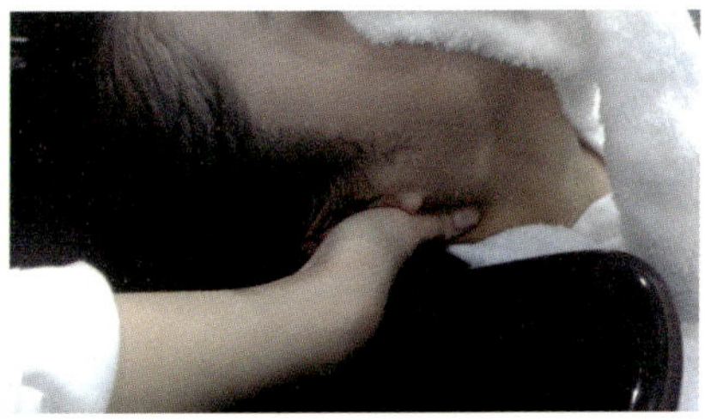

⑨ 샴푸의 거품이나 염색제가 귀나 목에 묻어있을 수 있으므로 귀와 목덜미 부분도 깨끗하게 닦아낸다.

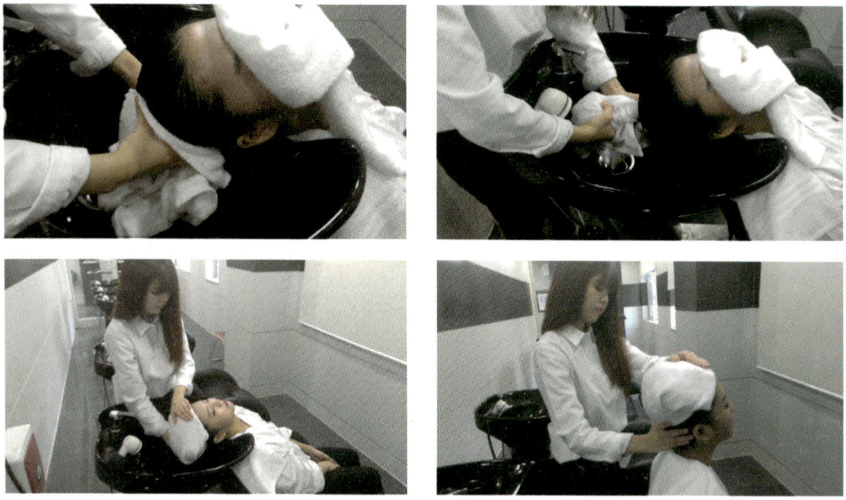

⑩ 타월 드라이 후 페이스 타월을 제거하고 고객의 뒷목을 받쳐 일으킨다. 샴푸가 끝났음을 알리고 경대로 안내한다.

Chapter
3

샴푸 마무리

학습목표

- 페이스 라인과 귀 뒷부분에 남아있는 물기를 제거할 수 있다.
- 모발의 물기 제거를 위해 타월 드라이를 할 수 있다.
- 샴푸를 마친 후 다음 사용자를 위해 샴푸대 주변을 깨끗하게 정리할 수 있다.
- 고객을 샴푸실에서 시술 장소로 안내할 수 있다.

1. 관리 후 상담 및 홈케어

관리 후 상담이란 센터나 샵의 관리가 끝난 상태에서 관리를 통해 개선된 두피 관리 효과를 계속적으로 유지하고, 라이프 스타일에 따른 두피 관리 효과를 계속적으로 유지할 수 있도록 두피 관리 요령을 고객에게 가이드 해주는 것이다. 이는 상담자의 충분한 지도와 안내가 필수적이다.

두피관리실에서의 관리만으로는 효과를 보기 어렵기 때문에 홈케어를 어떻게 해야 하는지에 대해 고객에게 잘 설명할 수 있어야 한다.

2. 샴푸대 관리

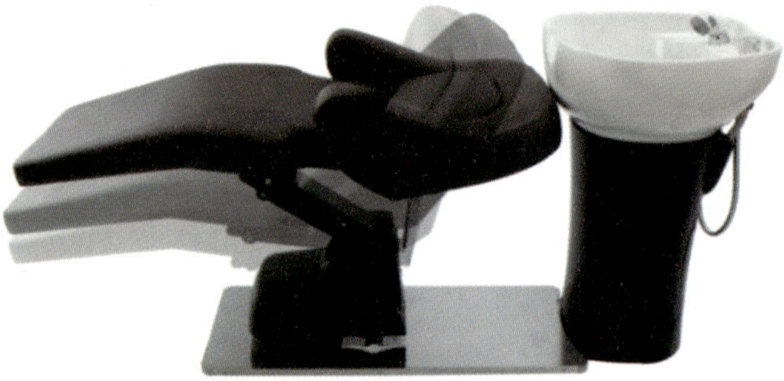

샴푸대는 고객의 머리를 감겨줄 때 사용하는 것으로 여러 사람의 몸이 직접 닿으므로 청결이 매우 중요하다. 샴푸대 사용 후 의자와 등받이를 깨끗하게 닦아내고 샴푸대 안쪽에 남아있는 제품 및 머리카락 등 이물질도 깨끗하게 제거한다.

샴푸대를 사용하면서 튄 물이나 제품들이 넘어지는 등의 사고나 제품이 남아 냄새를 유발할 수 있으므로 그 주변도 청결하게 관리하도록 한다.

교수·학습·평가 방법

교수 방법

① 특수 목적 샴푸의 필요성과 기전에 대해 설명한다.
② 두피, 모발상태나 시술 목적에 따라 사용하는 샴푸, 린스, 트리트먼트제를 설명한다.
③ 샴푸 후 모발 보호제 사용여부를 판단하여 사용할 수 있도록 설명한다.
④ 고객의 불편사항을 수시로 점검하여 대처할 수 있도록 설명한다.
⑤ 두피 매니플레이션의 기전을 설명하고 위그 및 라이브모델을 이용해 시연한다.
⑥ 위그 및 라이브모델을 이용해 특수 목적 샴푸 방법을 시연한다.

학습 방법

① 특수 목적 샴푸의 필요성과 기전을 학습한다.
② 두피, 모발 상태나 시술 목적에 따라 샴푸, 린스, 트리트먼트제를 사용한다.
③ 고객의 불편사항을 수시로 점검하여 대처할 수 있도록 훈련한다.
④ 위그 및 라이브모델을 이용해 두피 매니플레이션 기법을 훈련한다.
⑤ 위그 및 라이브모델을 이용해 특수 목적 샴푸 방법을 숙련한다.

항목별 평가 방법

학습내용	평가항목	성취수준		
		상	중	하
샴푸 준비하기	두피·모발상태나 시술 목적에 따라 샴푸제를 선택할 수 있다.			
	혈액순환 개선과 신진대사 촉진을 위해 두피 매니플레이션을 할 수 있다.			
	고객 편의를 위해 가운을 착용해 주고 샴푸대와 수온을 조절할 수 있다.			
샴푸 시술하기	두피·모발 상태를 파악하여 샴푸할 수 있다.			
	염색, 헤어커트, 퍼머넌트 웨이브 전·후 등 시술 목적에 따라 샴푸할 수 있다.			
	샴푸성분이 남지 않도록 페이스 라인, 귀, 모발, 두피 등을 충분하게 헹굴 수 있다.			
	샴푸 후 모발 보호제 사용여부를 판단하여 사용할 수 있다.			
	고객의 불편사항을 수시로 점검하여 대처할 수 있다.			
	헤어 퍼머넌트 웨이브 유형에 따라 중간세척을 할 수 있다.			
	헤어 컬러 시 유화·마무리 샴푸를 할 수 있다.			
샴푸 마무리하기	페이스 라인과 귀 뒷부분에 남아 있는 물기를 제거할 수 있다.			
	모발의 물기 제거를 위해 타월 드라이를 할 수 있다.			
	샴푸를 마친 후 다음 사용자를 위해 샴푸대 주변을 깨끗하게 정리할 수 있다.			
	고객을 샴푸실에서 시술 장소로 안내할 수 있다.			

PART Ⅲ

스캘프 샴푸

1. 스캘프 샴푸 준비
2. 두피 샴푸 절차
3. 두피 샴푸 마무리

Chapter 1

스캘프 샴푸 준비

학습목표

- 두피 · 모발 상태 진단에 필요한 기기와 도구를 준비할 수 있다.
- 문진, 시진, 촉진, 검진을 통해 고객의 두피 · 모발 상태를 분석할 수 있다
- 두피 유형에 따라 관리방법을 선택할 수 있다.
- 모발 상태에 따라 관리방법을 선택할 수 있다.
- 차회 방문 시 시술에 반영할 수 있도록 두피 · 모발 분석카드를 작성할 수 있다.

1. 두피의 이상증상

1. 비듬

(1) 원인

① 지루성 피부염

두피에는 피지선과 한선이 많기 때문에 다른 곳보다 기름기가 많아 미생물이 번식하기 쉽다. 이러한 미생물은 땀의 수분과 피지 및 탈락한 각질 세포를 먹으면서 살아간다.

머리를 3~4일 정도 감지 않으면 냄새가 나거나 가렵게 되는 경우가 있는데, 이것은 미생물의 증식이나 자외선의 영향으로 변성한 화학물질 등으로 인한 것이다. 이처럼 샴푸를 하지 않으면 비듬이 증가하거나 가렵게 되고 때로는 피부가 빨갛게 되어 두피에 염증이 생기기도 한다.

염증이 생기면 표피의 세포주기(28일)가 빨라진다. 특히 각질세포는 보통보다 빨라지게 된다. 즉, 각질세포는 완전히 각화되지 않은 채로 수십 개가 덩어리 상태로 떨어지게 되는데 이것이 눈으로 볼 수 있는 병적인 비듬이다.

② 스트레스

최근에는 스트레스가 비듬의 주범으로 밝혀져 있다. 두피 등의 피부에 상존하는 피티로스포룸(*pityrosporum*) 효모균이 스트레스 등의 유발요인에 의해 과대증가하여 그 숫자가 10~20배까지 증가할 때 비듬이 나타난다.

③ 다한성 비듬

땀이 많이 나면 두피 표면의 산의 균형이 깨짐으로써 알칼리화 되고, 살균 · 수분 · 해독 작용이 제대로 되지 않아 비듬을 형성하는 원인이 될 수 있다.

④ 건피증

천연 피지와 수분의 부족으로 표피층이 건조해짐으로써 결과적으로 각질처럼 일어나게 되어 비듬으로 발전한다, 심한 건성은 노인이나 폐경 후 여성에게 특히 자주 발견되며, 낮은 기온이나 강한 추위 등의 기후적 특성이 피부의 수분상태에 영향을 미치기도 한다.

⑤ 영양과다

프로틴이 지나치게 많거나 적으면 생산성 불균형이 일어나는데, 특히 과도하면 상피층이 두꺼워짐으로써 각질층이 일어나고 죽은 세포 역시 두꺼워지기 때문에 각질이 불규칙하게 조각으로 떨어진다.

⑥ 영양부족

모발에 영양이 부족하면 세포 재생산이 느려지며, 결과적으로 각질층이 점차 약해져 상피층이 쉽게 떨어져서 비듬이 된다.

⑦ 자가독성

피부의 고유기능 중 하나인 제독 작용으로 피부가 더 이상 독소를 제거할 수 없게 되면 이것이 축적되어 피부층에 독성화를 일으킨다. 이러한 독성분에 의해 케라틴 세포가 공격을 받기 때문에 점차 단단해지고 건조해짐으로써 비듬의 원인이 된다.

⑧ 유전

내적 요인의 다양한 원인에 의해 발생하므로 정확한 원인을 규명하여 치료하는 것이 중요하다

⑨ 비듬균

피부나 두피에 존재하는 균에는 피티로스포롬 오발레(*Pityrosporum ovale*), 효모균, 말라세시아(*Malasseazia*) 등이 있다. 이 균들은 여러 가지 원인에 의해 과다 증식하여 비듬으로 나타난다. 피티로스포롬 오발레균은 누구에게나 존재하는 균으로 기후 · 땀 · 음식 등의 환경적 요인과 내적요인인 스트레스 등에 의해 과다 증식하며, 정상균의 74%가 넘을 경우에 비듬이 생기고, 83% 이상으로 높아지면 지루성 피부염이 발병하게 된다.

⑩ 잘못된 생활습관 및 환경

알칼리성 제품, 알코올 함유제품, 저품질 샴푸, 업무환경의 먼지, 온도, 연기 등의 원인으로 비듬이 생길 수 있다.

⑪ 아토피성 피부염

아토피성 피부염(Atopic Dermatitis)으로 피부가 과각화되어서 비듬이 일어날 수도 있다.

2. 탈모

(1) 원인

1) 내부적 원인

① 유전

유전은 가장 직접적인 원인 중 하나이다. 탈모의 유전인자는 우성으로 부계유전은 2.1배, 모계유전은 7.5배의 유전적 영향을 받으며, 영향을 미치는 순서는 어머니〉아버지〉친조부〉외조부 순이다. 그러나 유전인자가 있다고 해서 모두 탈모가 되는 것이 아니라 일정 기간 동안 남성 호르몬의 영향을 받아야만 증상이 나타난다. 아무리 유전적 소인을 갖추고 있어도 호르몬 발현이 시작되는 사춘기에는 탈모가 나타나지 않고, 어느 정도 나이가 들어야 탈모가 발현되는 것은 이 이유 때문이다.

② 호르몬

남성은 남성 호르몬인 테스토스테론(testosterone)이 모낭의 5α-reductase와 결합해 DHT(di-hydro-testosterone)를 생성해 모낭의 단백질 합성을 지연시켜 모주기의 성장기를 단축시켜 탈모를 유발한다. DHT는 모발을 만드는 모낭을 축소시켜 모발을 점점 가늘게 하고 탈모를 진행시킨다.

여성은 여성 호르몬인 에스트로겐이 남성 호르몬인 테스토스테론과 반대로 모발성장을 촉진시키지만 여성들에게도 소량의 남성 호르몬이(DHT)이 생성되므로 유전적이 소인이 있으면 탈모가 진행되며 난소에서 분비되는 안드로겐 호르몬에 의해 모발이 빠질 수 있다.

갑상선 호르몬은 모낭의 활성도를 촉진시키지만 갑상샘(thyroid gland)을 절제하거나 갑상샘 기능을 억제하는 약물을 투여하면 모낭의 활동이 억제되어 성장을 지연시키고 갑상샘 기능이 저하되어 탈모를 일으킬 수 있다.

③ 영양장애

우리 몸에 섭취된 음식물은 분해 · 흡수를 거쳐 혈관을 통하여 인체의 각 부분으로 보내진다. 그 과정에서 소화기관에 이상이 있거나 소장의 기능에 이상이 생기면 두피의 신진대사기능에 이상이 생겨서 피부병이나 과도한 각화 현상 및 모발의 원료인 단백질의 공급을 받지 못하여 모발의 성장둔화를 가져오게 된다.

건강한 두피는 모근을 강하게 유지할 수 있는 기반이기 때문에 항산화 비타민 C, 비타민 E, 피부염 예방 및 피지조절기능이 있는 비타민 B군, 충분한 혈액을 만드는 철분 등의 무기질의 섭취를 적절히 해주는 것은 탈모를 예방하는 데 중요한 요인이다. 따라서 지나친 다이어트는 인체의 영양 균형을 망가트림으로써 영양장애로 인한 탈모의 원인이 되기도 한다.

④ 스트레스

인체는 스트레스를 받으면 면역력을 저하시켜 신체 중에서 가장 취약한 부분에 증상을 나타내는데 이 중 하나가 탈모이다. 스트레스는 탈모의 유전적 소인을 부추겨서 탈모를 일으키는 역할을 하는 촉매제이기도 하다.

스트레스가 인체에 미치는 영향에는 2가지 이유가 있다. 첫째, 스트레스를 받으면 이를 감지한 교감신경계의 신경세포들이 교감신경계를 활성화하게 되고 부신수질에서 아드레날린(adrenaline)과 노르아드레날린(noradrenalin)의 활성을 증가시킨다. 이 물질들은 혈액을 타고 전신으로 퍼져서 각 작용기와 기관들을 긴장시킨다. 둘째, 뇌에서 감지된 스트레스는 시상하부 · 뇌하수체 · 부신 측에도 영향을 미침으로써 코르티솔(cortisol)과 같은 스트레스 호르몬의 분비를 촉진시킨다.

코르티솔은 간에서 포도당을 분비시키고, 조직에서 혈액으로 지방 성분을 분비시키며, 단백질의 흡수를 억제하게 된다. 스트레스가 지속되면 인체는 힘을 내는데 필요한 근육, 뇌, 심장에 더 많은 혈액을 보낼 수 있도록 맥박과 혈압을 증가시킨다. 그뿐만 아니라 더 많은 산소를 얻기 위해 호흡을 빨리 하게 되며, 위험에 대비하여 중요한 역할을 하는 기관에 보내는 혈액을 늘리는 대신에 혈액이 가장 적게 요구되는 피부나 소화기관 · 심장 · 간으로 가는 혈류의 양을 줄이게 된다.

부족한 에너지의 양을 보충하기 위해서는 혈액 속에 있는 당이나 지방 및 콜레스테롤 양을 증가시키는데, 이러한 상황이 지속될 경우에는 피부나 소화기관 · 신장 · 간으로 가는 혈류량이 부족해져 기능저하를 초래하게 되고, 지나치게 분비된 지방 및 콜레스테롤(cholesterol)의 양은 성인병의 원인이 된다. 따라서 스트레스는 모유두에 연결된 모세혈관을 위축시키며 원활한 영양공급을 하지 못하도록 하여 탈모를 유발시키는 원인이 되는 것이다.

또한 스트레스는 기모근의 활동을 증가시켜 피지선을 자극함으로써 피지분비량을 증가시킬수 있기에 과도한 피지량으로 모공을 막아 탈모를 유발시킬 수 있다.

Check point

스트레스 호르몬 방출과정

스트레스 → 시상하부 → 부신피질자극호르몬(CRH호르몬) → 뇌하수체 → 부신피질호르몬(ACTH호르몬) → 부신피질 → 코르티코스테이드 호르몬

⑤ 질병

갑상선 질환 · 매독 · 콜레라 · 말라리아 등의 질병, 자궁 내 질환, 항암치료 등에 의한 원인으로 탈모가 발생될 수 있다. 내부적인 신체질환이 있을 시 좋은 제품으로 탈모관리를 잘 해도 내부적인 신체질환을 치료하지 않으면 탈모는 나아질 수 없다. 탈모의 원인을 진단할 때 전문의와 상담을 통해 신체의 이상을 먼저 파악하는 것이 중요하다.

⑥ 노화

인체는 25세를 기점으로 노화되기 시작한다. 인체의 노화로 인해 세포분열이 둔화되어 모발은 점점 가늘어지고, 성장기가 짧아지게 됨으로써 모발 성장주기의 변화를 가져온다. 또한, 피지선 및 한선의 분비물이 저하되어 두피가 산성화되며, 50세 이후에는 진피층의 탄력이 감소하여 두피조직이 얇아짐으로써 모구부의 기반이 약해지기도 한다.

2) 외부적 원인

외부적 원인에 의해 일어나는 탈모는 심한 외상으로 인하여 두피조직이 파괴

된 경우를 제외하고 내부적 원인에 비해 외적인 요인만 제거하면 되므로 관리가 수월하다.

① 물리적 자극

샴푸할 때 손톱에 의한 두피자극, 브러싱할 때의 마찰에 의한 정전기 등과 세팅, 업 스타일(up style)이나 가발 착용 등 다양한 헤어스타일링 작업 시 핀에 의한 두피자극은 두피에 상처를 내거나 예민하게 하여 염증과 반흔성 탈모를 유발할 수 있으므로 주의해야 한다.

② 화학적 자극

펌, 염모제, 트리트먼트제 등의 화학제품이 두피의 모공 속으로 들어가서 모낭의 염증이나 두피 건조 및 각질의 과각화를 발생시킨다. 화학성분이 강한 샴푸제의 사용 및 잘못된 샴푸법에 의해 비듬, 염증, 과각화현상 등을 야기시킨다. 과도한 두피관리(잦은 두피 스케일링) 및 사용제품(알코올이 많이 함유된 제품, 두피 타입에 맞지 않은 제품)의 오류로 잘못된 관리를 한 경우에 두피가 예민해질 수 있다.

③ 계절적 요인

건조한 봄 · 가을의 일교차 및 겨울철 난방기, 여름철 에어컨의 사용으로 두피가 건조해짐으로써 비듬이나 각질이 생길 수 있다. 봄 · 여름의 강한 자외선은 두피를 노화시키며, 높은 기온은 땀과 피지분비량을 늘려서 문제성 두피와 탈모를 유발시킬 수 있다.

가을철에는 일조량의 감소로 인해 멜라토닌 호르몬의 증가로 남성 호르몬의 분비가 많아져 탈모에 영향을 줄 수 있으며, 겨울철의 저온은 인체의 면역력을 떨어뜨려 두피조직의 면역력을 저하시켜 문제성 두피와 탈모를 유발시킬 수 있다.

(2) 탈모의 분류와 종류

탈모의 유형은 크게 휴지기성 탈모와 성장기성 탈모로 나눌 수 있다.

표 3-1 탈모의 유형

휴지기성 탈모	• 여성형 탈모증 • 출산 후 탈모와 피임에 의한 탈모증 • 남성형 탈모증 • 지루성 탈모증 • 접촉성 피부염에 의한 탈모증 • 내분비이상에 의한 탈모 • 비타민 A 과잉에 의한 탈모증 • 발모벽에 의한 탈모증 • 견인성 탈모
성장기성 탈모	• 원형 탈모증 • 압박성 탈모증 • 반흔성 탈모 • 약제성 탈모증 • 매독성 탈모 • 두부백선 • 모낭충

1) 휴지기성 탈모증

휴지기성 탈모증은 모주기 중 휴지기에 자연적으로 빠지는 모발인 휴지기모가 비정상적인 자극이나 신진대사 이상으로 한꺼번에 탈락하는 것을 말한다. 휴지기 탈모는 갑자기 머리카락이 빠지는 급성 휴지기 탈모와 두피 전체에 걸쳐서 진행되는 확산성 탈모인 만성 휴지기 탈모로 나뉜다.

Check point

휴지기성 탈모의 원인

호르몬의 기능 이상 : 갑상선 기능 저하증, 임신

영양소 결핍 : 미량 영양소 결핍(철, 아연, 비오틴)

신체적 스트레스 : 체열, 전신질환, 수술

정신적 스트레스

약물복용

① 여성형 탈모

일반적으로 노화가 일어남에 따라 여성은 남성형 탈모와는 달리 일정한 형태 없이 가르마를 중심으로 모발이 점차적으로 얇아지고 밀도가 적어지는 양상이 나타난다. 그 증상이 사춘기 이후 빠른 시기에 나타나거나 모발 밀도가 현저히 감소되는 증상을 여성형 유전성 안드로겐 탈모증이라고 한다.

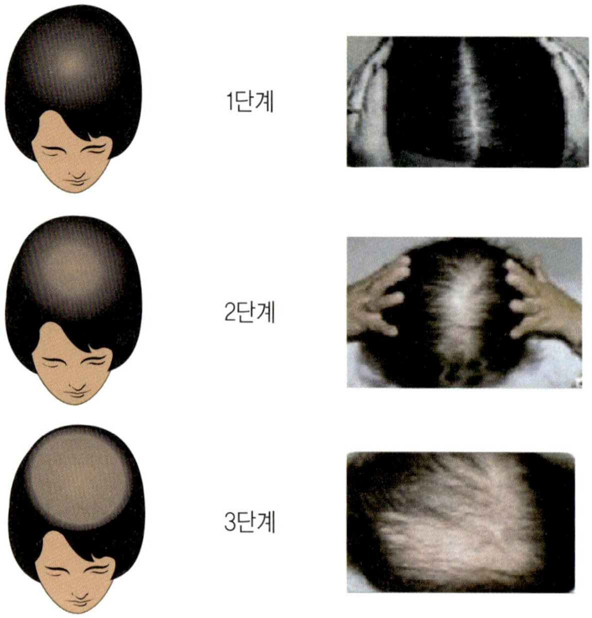

그림 3-1 여성형 탈모증 3단계

• 산후 탈모증

임신 시 여성 호르몬의 과다분비로 모발은 성장기가 지속된다. 출산 후 2~6개월부터 호르몬 분비가 정상적으로 회복되어 정상적인 모발주기로 돌아오면서 단기간에 휴지기가 증대되어 탈모를 유발한다.

보통 일시적인 증상이지만 환경적 요인과 심리 · 신체적인 요인에 의해 스트레스에 과다 노출이 된다면 탈모가 지속될 수 있기 때문에 자연 탈락기간 동안 발생기의 모모세포의 분열과 증식을 촉진시키는 관리가 필요하다. 특히 산후탈모는 헤어라인의 모발이 얇아지고 밀도가 감소하는 증상을 보일 수 있다.

- **피임약과 다이어트에 의한 탈모**

피임약의 남용과 무리한 다이어트는 여성에게 남성 호르몬인 안드로겐의 분비를 촉진시키는 가장 큰 원인으로 여성형 탈모의 원인으로 볼 수 있다.

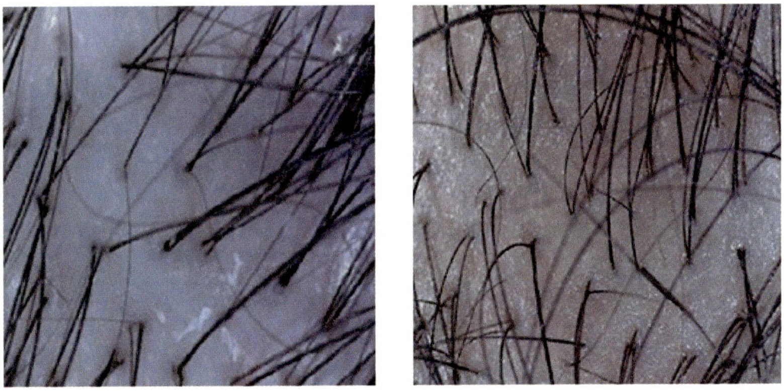

그림 3-2 출산 후 탈모와 피임에 의한 탈모증

② 남성형 탈모증

주로 유전적인 소인과 남성 호르몬의 작용으로 발생하며 전두부와 두정부의 모발이 점차 가늘어지고 전체적으로 탈모가 되는 것이 특징이다.

남성 호르몬은 활성효소인 5a-reductase와 결합하여 발생된 DHT(di-hydro-testosterone)가 모모세포에 작용하여 발생된다. 이는 모모세포의 세포분열을 둔화시키고 모발의 모주기를 짧게 만들어 그에 따른 모발의 성장이 저하되어 나타난다.

남성형 탈모증을 개선하기 위해서는 주 1회 스케일링을 통해 두피를 청결히 하고 피지선과 한선이 균형을 유지하도록 하며 남성 호르몬의 분비를 억제시켜야 한다.

표 3-2 남성형 탈모의 유형

M 자형	초기에는 이마 가운데를 중심으로 양쪽으로 M자를 그리면서 빠지기 시작하여 나중에는 뒷머리 부분만 남는다.
O 자형	초기에는 머리 상부에서 원형으로 빠지기 시작하여 점차 확산된다.
U 자형	초기에는 앞이마가가 넓어 보이다가 점차 뒤로 빠지기 시작하여 나중에는 정수리 부분의 모발이 하나도 없게 된다.
M+O 자형	초기에는 앞이마가 V자형으로 빠지면서 상부의 모발도 동시 탈모되며, 나중에는 모발이 전혀 남아 있지 않을 수 있다.
C 자형	가르마를 중심으로 한쪽 방향으로 C자를 그리면서 탈모가 진행되어, 나중에는 뒷머리 부분만 남는다.
C+O 자형	초기에는 가르마를 중심으로 C자형을 그리면서 머리 상부와 동시에 탈모된다. 나중에는 모발이 전혀 남아 있지 않을 수 있다.

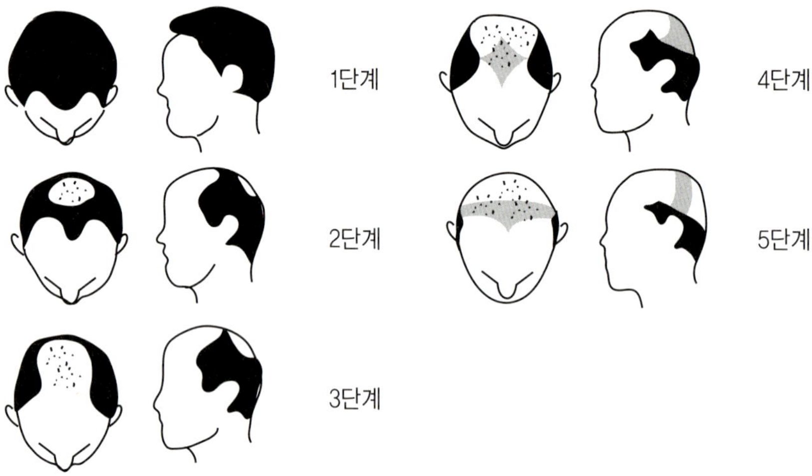

그림 3-3 남성형 탈모 5단계

③ 지루성 탈모증

두피에 염증과 가려움증 또는 과도한 비듬을 동반하는 탈모로, 두피 염증은 세포의 순환주기(28일)를 빠르게 하여 각질(비듬)을 발생시키고, 이러한 노폐물과 비듬균(*Pityrosporom ovale*)이 모공을 막아 모낭염과 지루성 습진을 유발시킨다. 또한, 모모세포의 세포분열과 모발의 각화를 막아 성장기모의 수명이 단축되고 휴지기모가 증가되면서 탈모를 일으킨다. 지루성 두피염의 원인은 호르몬의 이상, 비듬 곰팡이, 생활환경 등으로 보고 있다.

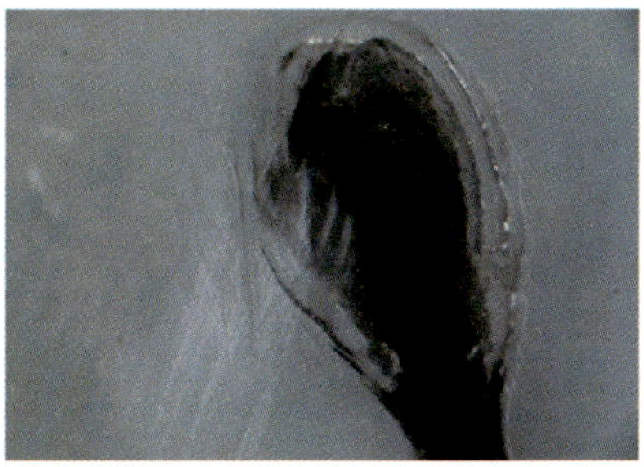

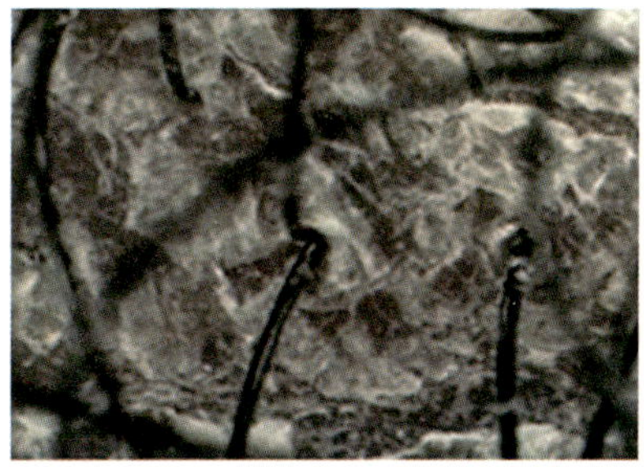

그림 3-4 지루성 탈모증

④ 접촉성 피부염에 의한 탈모증

퍼머넌트 웨이브, 염색, 탈색 혹은 과도한 스타일링 제품 사용에 의한 두피 알레르기 염증에 의한 탈모로, 두피 염증과 각화증을 동반한다. 염증 치료 후에도 몇 주일이 지나서 휴지기성 탈모가 발생하는 경우도 있다.

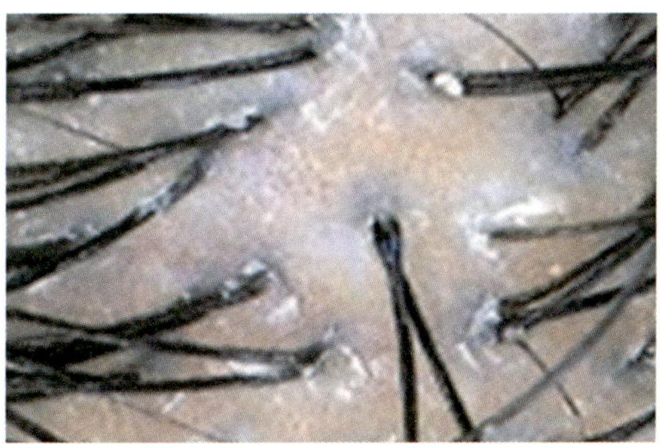

그림 3-5 접촉성 피부염에 의한 탈모증

⑤ 내분비이상에 의한 탈모

내분비 호르몬은 모주기와 털의 형태에 직접적인 영향을 미친다. 모발의 성장기를 방해하고, 휴지기의 기간을 연장시켜 탈모증세가 나타나게 된다.

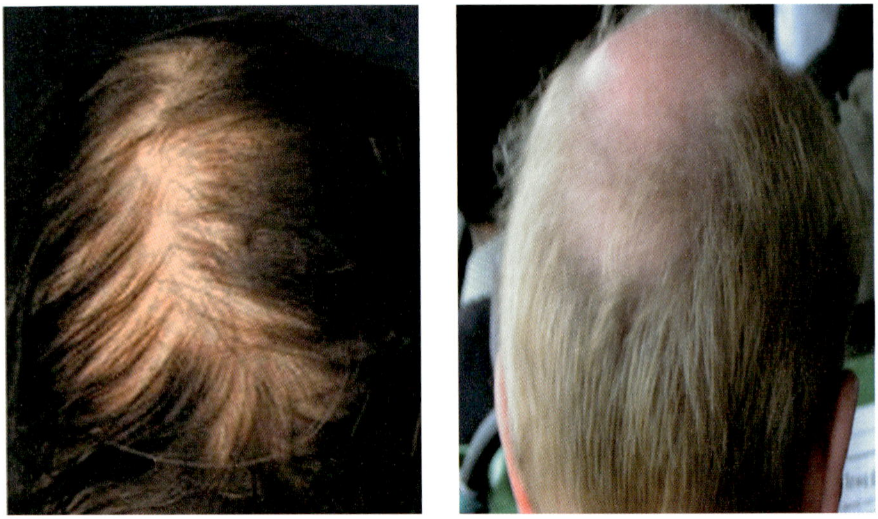

그림 3-6 내분비이상에 의한 탈모

⑥ 영양장애에 의한 탈모

체내 단백질 공급 부족으로 모근에서의 세포분열이 저하되어 발생하는 탈모로 극심한 체중감소(다이어트) 또는 단식을 할 경우 유발된다. 기아상태에 있는 아프리카 원주민들에게도 탈모가 발견된다.

⑦ 발모벽에 의한 탈모증

발모광(拔毛癖, trichotillomania)이라고도 하며 무의식중에 자신의 모발을 뽑아버리는 신경증 탈모증으로 충돌조절장애로 불안이나 우울감이 높아질 때 나타나며, 특히 어린이에게 많이 나타난다. 어른으로 갈수록 여성의 발병률이 높다.

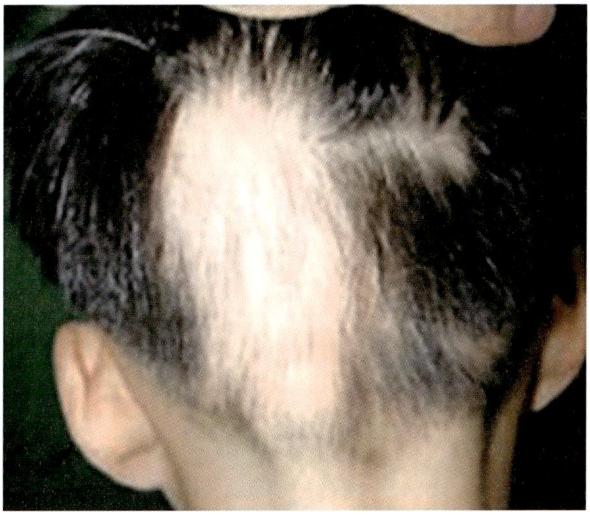

그림 3-7 발모벽에 의한 탈모증

⑧ 견인성 탈모증

두발에 일정한 힘이 가해지는 포니테일(pony tail: 긴 머리를 고무줄을 가지고 묶어서 말총처럼 길게 늘어뜨리는 헤어스타일) 같은 머리형을 장기간 계속하거나 펌 과정에서 너무 세게 와인딩 시 나타날 수 있는 탈모로 두피와 모발을 느슨하게 하고 외상을 피하면 개선된다.

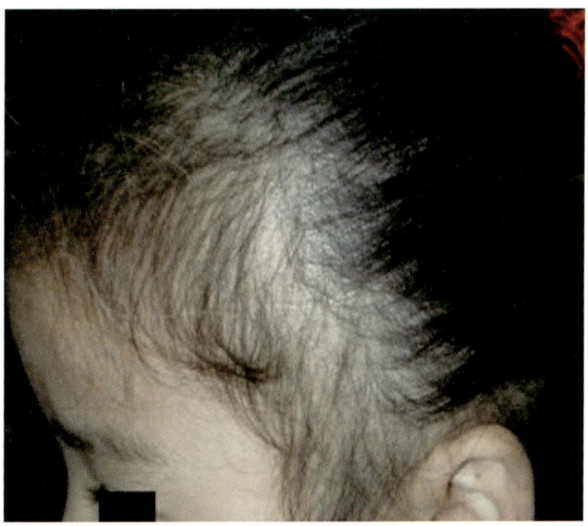

그림 3-8 견인성 탈모증

2) 성장기성 탈모증

위축모로 성장기의 모근이 파괴되어 가늘게 된 모발이 성장기 동안 빠지는 증상으로 성장기성 탈모증이라 한다.

① 원형 탈모증

두부에 탈모가 동그랗게 생기는 증상으로 대개 지름 1~2cm의 크기로 한 곳에 나타나지만 때로는 다발성으로 불규칙한 모양으로 생기거나 융합할 때도 있다. 특별한 증상이 없어 발견이 늦을 수 있으며, 가끔 눈썹이나 턱수염 등에서도 발생한다. 주로 모근 주위의 말초신경에 이상이 있어 나타나거나 스트레스가 원인이 된다. 단발인 경우에는 6~7개월에 치료되지만 악성인 경우에는 장기간의 치료가 필요하다. 원형 탈모증의 치료 목표는 모낭 주위 염증의 억제이고, 국소 스테로이드를 탈모 부위에 직접 주사하는 것이 효과적이며, 국소 스테로이드제나 미녹시딜(Minoxidil) 같은 바르는 약도 흔히 사용된다.

일반적으로 통증이나 소양증 등의 자각증상은 없으며 동반 질환으로는 하시모토병, 백반증, 중증근 무력증 등이 있다.

그림 3-9 원형 탈모증

표 3-3 원형 탈모의 유형

단발형	하나의 원형탈모가 진행되는 형태
다발형	여러 개의 원형탈모가 동시 진행되는 형태
사행성	한쪽 귀 주위에서 다른 귀 주위로 머리 옆과 뒤를 따라 잇는 형태
전두성	머리 전체 머리카락이 빠지는 형태

② 압박성 탈모증

한 방향으로 장시간 누워서 자라는 유아들에게 나타나거나, 무거운 모자나 가발을 착용하거나 수술 시 두부를 고정하고 난 후 받은 압박에 의해 2~6주 후에 일어나는 탈모이다. 일반적으로 위축모의 형태로 빠지지만 경증인 경우는 휴지기모로 빠지는 경우도 있다. 압박성 탈모증은 충분히 예방할 수 있으며 원인을 제거하면 탈모증상이 개선된다.

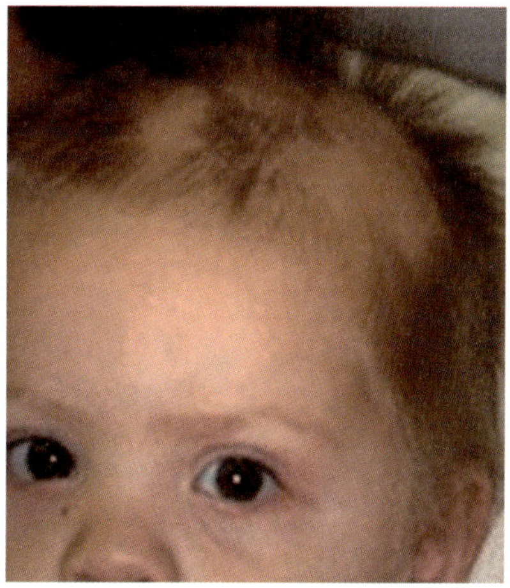

그림 3-10 압박성 탈모증

③ 반흔성 탈모증과 비반흔성 탈모증

외부적인 충격이나 피부 질환에 의해 두피의 모낭이 파괴되어 반흔(흉터)이 생기게 되어 영구적으로 모발이 나지 않는 탈모를 말한다. 대표적으로 화상과 외상 또는 방사선 조사에 의해 모근이 파괴되거나 피하조직까지 도달한 세균감염에 의해 생기며 모발이 다시 자라나는 것은 쉽지 않다.

비 반흔성 탈모증은 유전적 · 내부적 및 환경적 요인으로 모발이 자라지 않는 것을 말하며, 반흔성 탈모처럼 모낭파괴에 의해 상처가 생기거나 영구적으로 모발이 자라나지 않거나 하지는 않는다.

표 3-4 반흔성 탈모와 비반흔성 탈모

반흔성 탈모	1차적	• 루푸스(Rufus)에 의한 탈모 • 독발성 모낭염
	2차적	• 화상 및 외상 등
비 반흔성 탈모	• 남성형 탈모, 여성형 탈모 • 원형탈모, 두부백선, 휴지기 탈모 등	

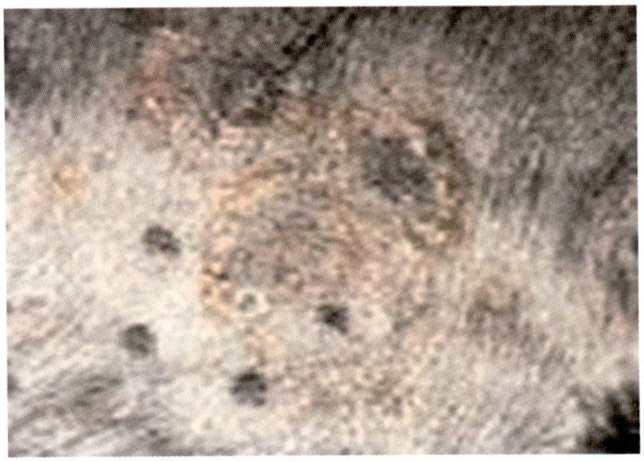

그림 3-11 반흔성 탈모증

④ 약제성 탈모증

주로 항암제에 의한 탈모로 항암제 투여 시 세포분열이 활발한 생식세포나 모모세포 등을 파괴하기 때문에 모발을 위축모로 만들어 상당히 심한 성장기성 탈모증을 유발 한다.

그림 3-12 약제성 탈모증

⑤ 매독성 탈모증

성 접촉에 의해 '트레포네마'(*Treponema pallidum*)라는 나선형 세균 감염에 의한 전신성 질환으로 매독 감염 5개월(제 2기) 후에 후두부와 측두부에 불규칙하게 탈모증상이 발생하며 매독균에 의한 탈모이다. 매독치료가 완료되면 발모가 가능하며 6개월 이내에 만족스러운 결과를 얻을 수 있다.

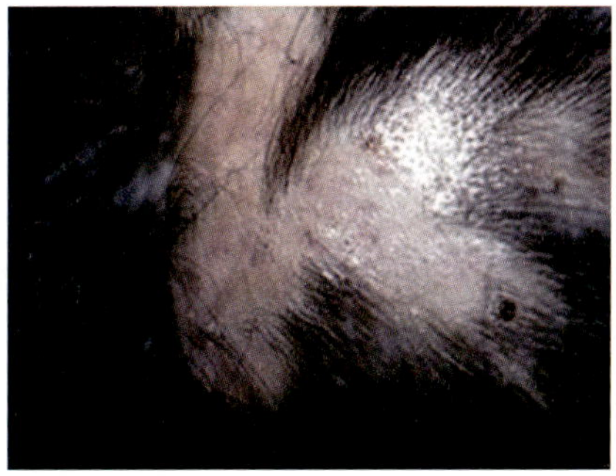

그림 3-13 매독성 탈모증

⑥ 두부백선에 의한 탈모증

모발이 마이크로스포룸(*Microsporum*)과 트리코피톤(*Trichophyton*)같은 백선균이 감염되어 일어나는 전염성 피부병으로 백선균이 표피의 각질층을 감염시켜 점차적으로 모간 안에 들어가기 때문에 위축모가 되어 탈모가 되거나 모간이 끊어지고, 인설 · 홍반 · 농포를 동반할 수 있다.

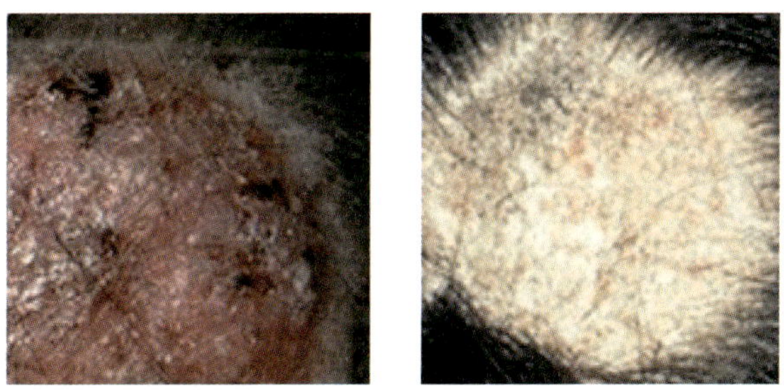

그림 3-14 두부백선에 의한 탈모증

⑦ 모낭충에 의한 탈모

모낭충(毛囊蟲, Demodex)은 1841년 헨레(Henle)가 처음 발견하였고 0.3mm 크기의 진드기류로 사람에게는 데모덱스 폴리클로룸과 데모덱스 브레비스(*Demodex brevis*) 두 가지 종류의 모낭충이 모낭과 피지선에 기생하여 피지선에서 분비되는 피지를 먹고 주로 밤에 활동하는 습성이 있는데 이들로 인해 모공에 염증을 일으킴으로써 탈모가 발생한다.

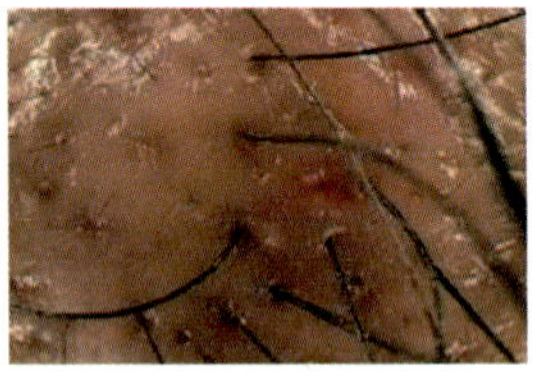

그림 3-15 모낭충에 의한 탈모

(3) 탈모치료법

탈모증의 의학적 치료 방법으로는 약물치료와 자가 모발 이식 두 가지 방법이 있다.

1) 약물요법

현재까지 발모제나 양모제를 보면 피부의 혈액순환을 좋게 하고 모근에 영양을 공급해 주려는 목적으로 만들어진 것이 대부분이다. 아직 만족할 만한 특효약이 없다. 탈모 치료가 많은 사람들의 꿈이지만, 그 꿈을 이루기가 어렵다는 뜻이다.

현재까지 의약품으로 등록되어 약효를 어느 정도 인정받고 있는 것은 미녹시딜(Minoxidil)과 프로페시아(Propecia)가 있다.

① 바르는 탈모 치료제

미녹시딜은 원래 혈압강하제로 고혈압 환자에게 사용하던 중 이마나 손등에 털이 나는 것을 계기로 1988년에 FDA에서 탈모 치료제로 2% 용액을 인정했고,

1997년 5% 용액을 인정했다. 함량에 따라 2%, 3%, 5% 외용액이 있다. 5%는 남성에 한하여 사용된다.

주로 정수리 부분에 효과가 있으며, 앞머리 쪽에는 효과가 거의 없다. 미녹시딜의 효과는 몇 개월이 지난 다음부터 나타나기 시작하는데, 탈모 초기에 가장 효과가 좋으며 두피의 혈류를 증가시켜 모모세포를 활성화하여 탈모 진행을 더디게 하고 솜털을 자라게 한다.

알파트라디올은 여성 호르몬인 에스트로겐의 이성질체로서 경증의 안드로겐 탈모증에 이용된다. 5a–reductase를 억제하여 DHT를 감소시키고, 모낭세포의 증식을 돕는 아로마타제(aromatase) 효소를 촉진함으로써 탈모를 치료한다. 주로 탈모 초기에 효과가 좋다.

두 제품 다 근본적인 치료제가 아니므로 평생 계속해서 발라야 하며, 사용을 중단하면 몇 달 안 가서 다시 모발이 가늘어지고 탈모증이 일어난다.

② 경구용 탈모 치료제

의사의 처방이 필요한 전문의학품인 '피나스테리드(Finasteride)', '두타스테리드(Dutasteride)'는 5a–reductase의 작용을 억제함으로써 남성형 탈모의 원인인 DHT의 농도를 감소시킨다.

'피나스테리드'는 최초의 경구탈모제로 5a–reductase 중 2형(모공)의 작용을 억제하고, '두타스테리드'는 1형(모낭)과 2형(모공) 모두를 억제함으로써 탈모 치료에 더 효과적이다. 복용을 중단하면 다시 탈모증이 일어나므로 평생을 복용해야 한다. 남성은 복용 시 성욕 감퇴 · 발기부전 · 사정량 감소 등의 부작용이 있을 수 있으나 복용 중단 시 원상복귀되며, 성장기 소년이나 임산부는 복용을 삼가야 한다.

③ 남성형 탈모 치료

남성형 탈모의 치료는 수술 여부에 따라 나눌 수 있다. 비수술적인 방법으로는 호르몬제 국소도포, 피나스테리드(finasteride) 복용, 자외선 조사, 두피 마사지 등이 있다. 수술적인 방법은 모발을 이식하는 모발이식술이 있다.

④ 케토코나졸(Ketoconazole) 샴푸

케토코나졸 샴푸는 비듬균의 일종인 말라세시아(*Malassezia*)를 억제해 비듬 치료제료 사용되고 있다.

케토코나졸 샴푸는 DHT 경로의 일부를 차단해 피나스테리드의 효과를 증가시킨다는 가설도 제기되고 있다. 경구요법인 피나스테리드나 국소도포인 미녹시딜을 단독 사용한 경우보다 케토코나졸 샴푸를 같이 사용했을 때 탈모개선에 더 좋은 결과를 보이고 있다.

니조랄 샴푸(Nizoral shampoo)는 2%의 케토코나졸이 함유되어 있어 처방전이 있어야 구입이 가능하고, 두피의 상태 개선 및 남성형 탈모 치료에 사용되기도 한다.

⑤ 여성형 탈모 치료

여성형 탈모는 2% 미녹시딜(Minoxidil), 시프로테론 아세테이트(Cyprotero ne acetate), 스피로놀락톤(spironolactone), 플루타미드(flutamide) 등의 항 안드로겐 제제를 사용해 치료한다.

2) 자가 모발 이식술

수술요법 중 가장 널리 이용되는 방법으로 국소 마취로 시행되며 입원을 할 필요가 없어 직장인들에게 인기가 많은 요법이다. 자신의 뒷머리에서 채취한 모발을 모근 뿌리채 심어 주기 때문에 빠지지 않고 계속 자란다. 약 1,000개에서 5,000개까지 이식하는데 모근이 손상되면 시술자체가 헛일이 되므로 의료진의 경험과 노하우가 수술 성공률을 높이는 관건이 된다.

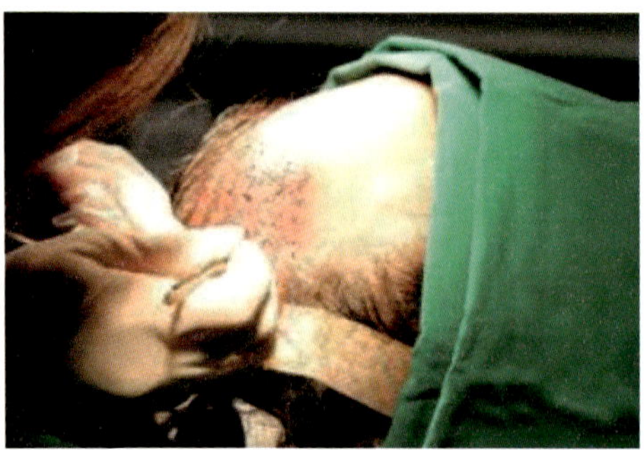

그림 3-16 자가모발이식술

3) 식모술의 종류

① 펀치법(punch method)

1959년에 처음 개발으로 되었으며, 펀치(punch)란 이름 그대로 구멍을 내는 것으로, 펀치를 이용해 구멍을 뚫어 일명 '원주 식모법'이라고 부르기도 한다. 뒷머리에서 직경 4mm 정도의 두피를 떼어낸 뒤에 이를 옮겨 심을 부위에 구멍을 뚫고 옮겨 심는 방법이다. 한번 옮겨 심을 수 있는 모발은 10~20개 정도이며, 이러한 작업을 50회 정도 반복하여 1,500개 이상의 모발을 심을 수 있다. 그러나 펀치로 피부를 뚫는 방법으로 두피에 흉터가 남을 수 있고 식모술을 한 부분이 미용적으로 부자연스러운 단점이 있다.

② 미니그래프트법(minigraft method)

직경 2mm의 펀치로 5개 전후의 모발을 이식하는 방법으로, 주로 1980년대에 많이 시술되었다. 흉터가 남고 부자연스러운 단점이 있다.

③ 마이크로그래프트법(micrograft method)

모발을 두세 개씩 이식하는 방법이다

④ 단일모식모술

모발을 한 개씩 이식하는 방법으로 모발이 굵은 동양인들에게 적합한 방법이다. 흉터가 남지 않아 외관상 자연스러운 장점이 있지만, 모근을 분리하는 숙련된 기술이 필요하고 시간이 많이 소요된다는 단점이 있다.

4) 두피 성형술

① 두피 절개술

탈모로 인해 넓어진 두개피 일부를 절개하여 꿰매어 정수리 부분의 두개피를 앞쪽으로 당기는 시술이다. 흉터는 남지만, 식모술보다는 자연스럽다는 장점이 있다.

② 두피 피판술

머리의 앞부분이나 뒷부분에 남아 있는 머리카락을 두피와 함께 오려낸 뒤에 머리카락이 없는 곳에 덮어 이식하는 방법이다. 한 번에 많은 면적을 커버할 수 있다. 국소마취로 실시하며 한 번에 2만 개 이상 옮길 수 있어서 모발 이식을 5~6회 실시한 것보다 훨씬 효과가 좋다. 개개인의 직업이나 사회적 활동상태 또는 탈모 형태에 따라 수술방법이 달라질 수 있기 때문에 숙련된 전문의와 상담하는 것이 좋다.

한 번에 많은 부위를 이식할 수 있는 장점이 있지만, 입원 치료가 필요한 단점이 있다.

③ 두개피 재건술

성형외과에서 주로 시술되며, 두피에 조직 확장기를 삽입하고 팽창시킨 후, 모발이 난 부위의 조직을 풍선처럼 늘려서 두개피를 재건하는 시술 방법이다.

(4) 탈모예방법

① 올바른 청결유지

두피의 청결은 문제성 두피와 탈모를 예방하는 효과의 기본이 되므로 올바른 샴푸로 청결을 유지하도록 한다. 또한, 샴푸 후에 두피의 물기를 충분히 제거하여 균의 이상증식을 막는 것이 탈모를 예방하는 기본단계이다.

② 두피 마사지

두피 마사지는 혈액순환과 피지선, 한선 등의 활동을 촉진시킨다. 근육을 운동시키고 신경등을 진정시키거나 자극시킴으로써 두피자극에 적용하거나 고객을 편안하게 이완시켜 주기 위해 적용한다.

③ 충분한 수면과 휴식

충분한 수면과 휴식으로 스트레스를 낮춰 스트레스로 인한 피부의 혈관 수축 및 혈행장애를 막고 모유두에도 영향을 미치지 않게 한다. 특히 두피세포 및 모모세포의 세포분열과 혈액의 공급이 원활한 시간대인 오후 10시부터 오전 2시 사이에는 충분한 수면을 취하는 것이 좋다.

④ 균형잡힌 식생활

무리한 체중감소(다이어트)나 단식 등에 의한 불규칙한 영양 섭취로 인해 신체의 균형이 깨지면 자연히 모발 성장이 잘 되지 않으므로 균형 잡힌 영양 섭취를 할 수 있도록 한다. 특히 모발은 단백질로 이루어져 있으므로 꼭 섭취하며 모발의 발육을 촉진시키는 비타민 A와 비타민 C도 섭취하도록 한다.

⑤ 올바른 생활습관

적절한 운동은 혈액순환과 만성 피로 및 스트레스를 없애는 데 도움이 된다. 또한, 금주와 금연으로 폐의 기능을 저하시키거나 혈액순환의 장애를 예방하도록 한다.

Chapter
2

스캘프 샴푸 절차

학습목표

• 두피 유형에 따라 샴푸제를 선정하여 시술할 수 있다.
• 두피 유형에 따라 스케일링 제품을 선정하여 시술할 수 있다.
• 두피 스케일링 효과를 높이고 두피의 혈액순환을 돕기 위해 두피 매뉴얼 테크닉을 할 수 있다.
• 영양공급과 유 · 수분 균형 조절을 위해 팩과 앰플을 사용할 수 있다.
• 두피관리에 필요한 기기와 기구를 선택하여 사용할 수 있다.

1. 두피 유형별 관리

두피는 두부(頭部)를 보호하고 있는 피부조직으로 모공과 한선이 발달되어 있는 곳이며 뇌를 감싸고 있으므로 외부의 충격이나 압박으로부터 뇌를 보호하는 역할을 하는 곳이기도 하다. 건강하게 두피를 유지 · 관리하는 것은 육모와 외모를 가꾸는 데 중요한 요인이기도 하다. 두피의 유형을 분류하는 것은 두피관리의 기본이며 각질층의 수분량과 피지량 · 두피의 색 · 두피의 탄력성 · 각질의 유 · 무 등에 따라 정상, 건성, 지성 두피 등으로 분류할 수 있다.

1. 정상 두피(Plain Scalp)

(1) 정의

두피관리의 기준이 되는 유형으로 두피의 개선보다는 두피이상화의 예방과 정상 두피 상태를 유지하는 데 관리의 초점을 두어야 한다.

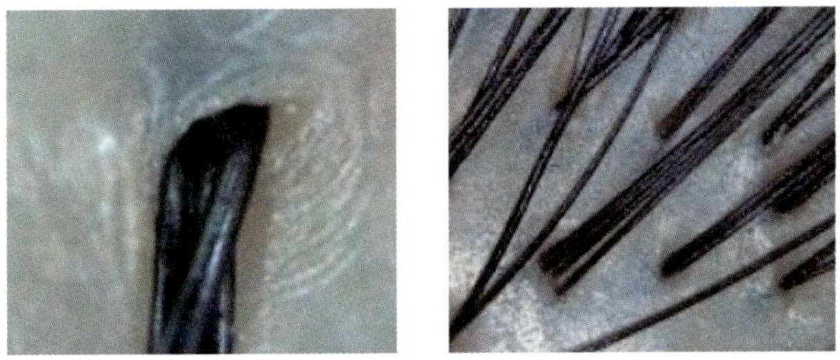

그림 3-17 정상 두피

(2) 특징

① 연한 살색이나 연한 청백색으로 맑고 투명한 톤을 띠고 있다.

② 피지선의 분비가 원활하여 수분량과 피지막이 적당하게 분포되어 있다.

③ 28일의 두피세포 각화주기가 정상적으로 진행되어 노화된 각질이나 피지 산화 응고물이 거의 없는 상태이다.

④ 모공이 열려 있으며 모공 주변이 깨끗한 상태이다.

⑤ 한 모공에 2~3가닥의 모발이 두상 전체에서 50% 이상을 차지하고 있다.

⑥ 모발의 굵기는 평균 0.15mm 정도이며 한 모공에 2~3가닥의 모발이 균일하게 분포되어 있다.

⑦ 모주기 중 성장기, 퇴화기, 휴지기, 발생기의 비율이 적절하게 배분되어 있다.

(3) 관리방법

① 건강한 두피상태를 유지하기 위해서 규칙적인 두피 스케일링을 시행하고 유분과 수분을 공급해 준다.

② 공해나 대기오염 물질, 스타일링 제품을 제거하여 모공을 깨끗하게 하고, 세포 재생이 가장 활발한 오후 10시~오전 2시 사이에는 취침하는 것이 두피의 건강을 유지하는 데 도움이 되므로 아침보다는 저녁에 샴푸하도록 한다.

③ 샴푸제품은 약산성 제품을 사용하고, 컨디셔너제를 사용할 경우는 가급적 두피에 묻지 않도록 하며 모발을 충분히 헹구고 미지근한 바람으로 두피와 모발을 완전히 말린 후에 취침하도록 한다.

2. 건성 두피(Dry Scalp)

(1) 정의

두피의 피지량과 수분량의 균형이 제대로 유지되지 못해 유 · 수분이 부족 또는 증발해 건조한 상태로 지속된 건조증상은 비듬을 유발하고 모발은 가늘어지며 탄력이 감소되어 심한 경우에는 탈모로 진행될 가능성이 있다.

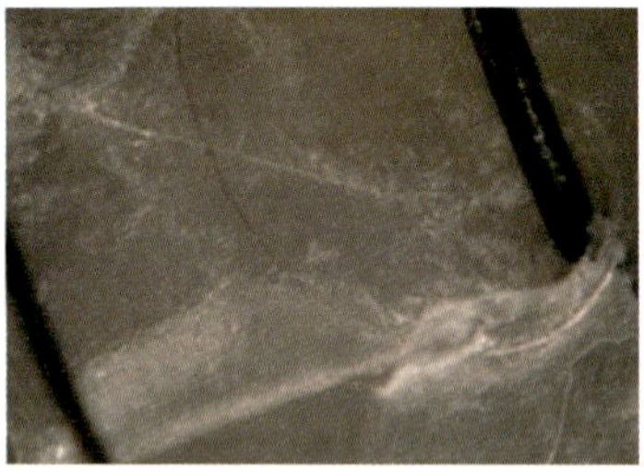

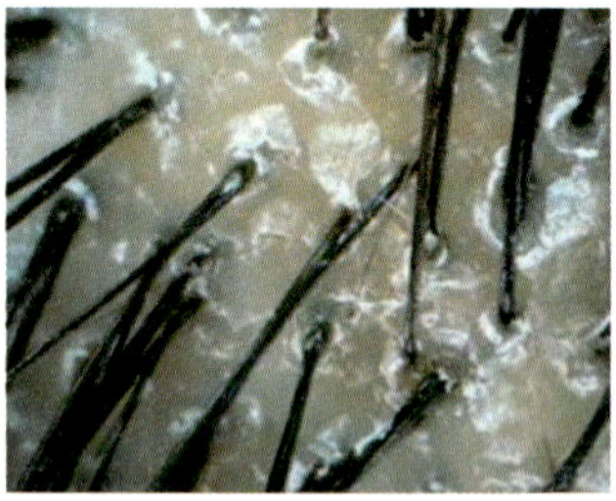

그림 3-18 건성두피

(2) 특징

① 피지선과 한선의 기능이 저하되어 두피가 건조하다.

② 노화각질이 두껍게 쌓여 두피의 색상이 탁하다.

③ 3일 정도 샴푸하지 않아도 유분이 많지 않다.

④ 각질화 현상으로 모공이 막히게 되고 모발도 점차 가늘어진다.

⑤ 땀과 피지 분비가 부족한 상태로 건조함과 약간의 가려움증을 느끼게 된다.

⑥ 두피가 가렵고 따가운데, 이를 방치하면 예민성 두피로 전환되기 쉽다.

⑦ 유 · 수분이 없어 피부 표면이 건조하고 거칠며 각질형성이 매우 빠르다.

⑧ 함몰된 모공 속으로 세균이나 먼지나 화학성분들이 쉽게 흘러들어가 모근에 악영향을 끼친다.

⑨ 건성모발은 모발의 천연보습인자인 아미노산의 혼합물이 부족한 상태로, 수분을 저장시키는 힘이 없으며 피지분비 부족으로 피지막 형성이 되지 않아서 모발 표면의 수분이 증발하는 것을 막지 못한다.

(3) 원인

① 피부의 피지선과 한선의 기능이 저하되어 건조해진다.

② 잦은 샴푸, 부적절한 헤어드라이, 파마, 염색 등의 잦은 미용시술로 인해 두피 및 모발이 자극을 받아서 건조한 상태가 된다.

③ 그 밖에 혈액순환이나 유전적 소인 등을 들 수 있다.

(4) 관리 방법

① 두꺼워진 각질을 제거하여 막힌 모공을 열어 준다.

② 혈행 촉진에 중점을 두는 마사지와 두피를 자극하는 특수관리가 병행되어야 하며, 청결한 두피에 충분한 영양을 공급한다.

③ 단백질과 수분을 공급함으로써 각질세포들을 진정시켜 주고 유지막을 형성하여 외부 자극으로부터 방어할 수 있는 능력을 회복시킨다.

④ 건성 두피용 샴푸를 사용하고 드라이어 사용 시 고온으로 말리지 않는다.

⑤ 강한 샴푸, 유분이 많은 헤어제품, 강한 알코올 성분을 함유한 헤어로션 등은 피한다.

⑥ 두피가 민감해지지 않도록 샴푸 후에 두피용 토닉을 사용하여 두피를 진정시킨다.

⑦ 비타민 A가 함유되어 있는 오일을 이용하여 두피 마사지를 해준다.

⑧ 히알루론산 등 보습 효과가 있는 성분들을 이용해서 건조 증상을 막아 준다.

⑨ 우유, 당근, 사과, 시금치, 토마토와 동물의 간은 비타민 A가 함유되어 있어서 두피의 건조화를 막아 준다.

3. 지성 두피(Oily Scalp)

(1) 정의

모낭의 피지선에서 정상보다 더 많은 양의 피지를 분비하여 두피 표면에 피지가 보이며 투명감이 없고 탁하다. 피지분비의 과잉으로 과산화지질 등이 생성되어 모발의 성장이나 발모에 지장을 주기 때문에 탈모로 진행될 가능성이 높다.

그림 3-19 지성 두피

(2) 특징

① 비듬, 각질, 피지가 엉켜서 모공을 막으므로 지루성 탈모가 되기 쉽다.
② 모공 주위가 피지와 그 응고물들로 막혀 있어 모공에 물이 고여 있는 것처럼 보이고 두피의 투명감이 없어 둔탁하다.
③ 두피가 세균에 대한 보호기능이 약화되어 세균이 쉽게 번식하여 염증이 잘 생긴다.
④ 모공이 막혀 있으므로 모근 세포의 호흡작용에 이상이 생기게 된다. 그 때문에 모발이 가늘어지고 탈모를 유발한다.

(3) 원인

① 스트레스 등의 요인에 의하여 피지선에서 피지의 분비가 과다하게 분비되는 경우 또는 호르몬의 불균형으로 인해 지성두피가 유발될 수 있다.

② 모발의 청결 및 혈액순환을 위한 샴푸방법이 올바르지 않거나 적절한 시기에 샴푸를 하지 않는 경우, 두피에 맞지 않는 샴푸제를 사용할 경우 지성두피가 될 수 있다.

③ 유분과 당분이 많은 음식, 자극적인 음식의 섭취로 피지의 분비가 과다하게 되거나 불면증, 흡연 등으로 인해 지성 두피가 될 수 있다.

(4) 관리방법

① 여름에는 샴푸를 하루에 두 번 해도 무방하며, 적어도 하루에 한 번은 샴푸하여 두피를 청결하게 한다.

② 염증이 있는 경우 소염 · 진정작용을 우선적으로 한다.

③ 두피의 세정과 피지조절 위주의 관리를 하며 지나친 두피 자극을 피한다.

④ 염증이 있을 경우에는 치료 후 관리에 들어간다.

⑤ 모공이 막혀 있어 두피의 호흡 작용에 이상이 생겨 모발이 가늘어지고 탈모가 일어날 수 있으므로 피지 응고물을 제거하여 모공을 열어 준다.

⑥ 피지막의 산성기를 되찾아 두피에 대한 보호 기능을 회복시킨다.

⑦ 스팀 타월은 너무 뜨겁지 않도록 한다.

⑧ 레밍턴(remington) 사용이나 마사지 시 두피자극이 심하면 피지선이 자극되어 피지분비가 심해지므로 자극이 가지 않도록 주의한다.

⑨ 비타민 B가 많이 들어 있는 우유, 과일, 시금치, 현미, 등푸른 생선, 녹황색 채소 등을 섭취한다. 특히 시금치의 경우에는 지성두피의 경우 피지 분비를 줄여 주는 효과가 있다.

4. 민감성 두피(Sensitive Scalp)

(1) 정의

민감성 두피는 유전 · 스트레스 · 수면불량 · 각종 세균 및 화학제품으로 인한 두피 자극이나 영양의 불균형 등으로 발생하는 두피 유형이다.

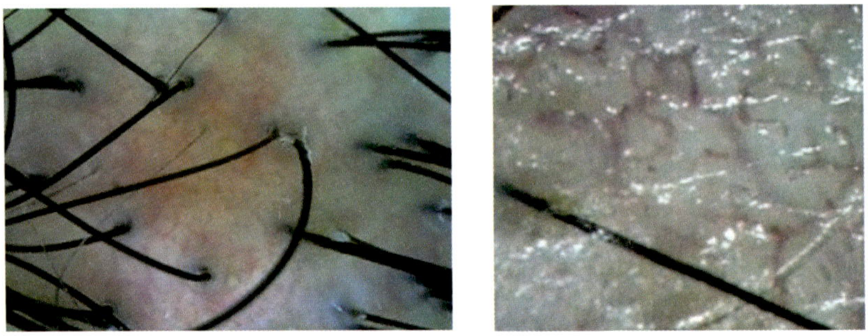

그림 3-20 민감성 두피

(2) 특징

① 두피표면이 붉은 색을 띠고 있다.

② 붉은 혈관이 부분적으로 혹은 전체적으로 나타나기도 한다.

③ 피부가 얇으며 모세혈관들이 드러나 보인다.

④ 손톱이나 스파튤라(spatula)로 긁으면 금방 붉은 빛을 띠고 쉽게 붓는다.

⑤ 세균감염으로 인해 두피에 염증이 나타나기도 하며, 심한 경우에는 지루성 두피로 전환되기도 한다.

⑥ 전체적으로 모발이 가늘어지기도 하지만, 일시적인 예민성 두피에서는 모발의 굵기는 변화가 없다.

⑦ 민감성 두피는 건성, 지성, 비듬, 탈모 두피 등 모든 두피에서 함께 나타날 수 있다.

(3) 원인

① 스트레스로 인한 민감성 두피

스트레스는 뇌하수체에서 부신피질자극호르몬의 분비를 촉진시켜 교감신경계를 활성하고 부교감신경계의 활동을 억제하여 혈압의 상승 · 호흡수 증가 · 혈관의 수축 · 동공확장 · 위장장애 · 근육의 긴장 등을 유발시킨다. 이로 인한 근육의 긴장은 승모근의 뭉침과 흉쇄유돌근에 연결된 측두근을 경직시켜 혈관의 압박으로 산소와 영양공급이 원활하게 이루어지지 않게 되어 측두부 부위에 충혈을 나타낸다.

② 수면불량으로 인한 민감성 두피

양질의 수면은 정신적 · 육체적으로 신체의 대사 기능을 회복시켜 주며, 신경세포의 기능을 유지시켜 신체의 항상성 유지와 면역체계를 증강시킨다. 두피의 신진대사에 중요한 작용을 하기에 수면시간보다는 양질의 수면이 중요하다.

피로가 쌓이면 승모근, 흉쇄유돌근 등의 경추부분의 근육이 긴장하게 되고 혈관의 흐름이 영향을 받게 되어 후두부의 두피에 충혈현상이 나타난다.

③ 혈액순환 저하로 인한 민감성 두피

혈액순환은 세포의 영양공급과 노폐물 배출의 역할을 하고 있으며 순환이 원활하게 이루어지지 않을 경우는 두피세포에 필요한 산소와 영양소의 공급을 둔화시키며, 노폐물 순환이 원활하지 못해 세포분열의 저하가 발생하고, 두피에 부분적으로 얼룩이 생기며 두피의 톤이 탁해지게 된다.

(4) 관리방법

① 물리적 · 화학적 자극을 피하여 가급적 두피의 자극을 줄여 준다.
② 두피를 민감하게 하는 스트레스를 줄여 준다.
③ 양질의 수면을 취하여 신체가 면역기능을 회복할 수 있도록 해 준다.
④ 반복적인 파마나 염색과 같은 화학적인 시술을 자제한다.
⑤ 민감성 샴푸를 사용하여 두피를 안정시켜 준다.
⑥ 건성, 지성, 비듬, 탈모 두피 등 어느 두피에서도 민감성이 나타날 수 있다. 이 때는 두피 민감의 원인을 개선해 주는 관리를 먼저 시행해 준다.
⑦ 민감성 두피는 개선이 느리고 쉽게 되지 않으므로 오랫동안 꾸준하게 관리해야 한다.
⑧ 두피에 심한 자극을 주지 않아야 하므로, 뜨거운 스팀이나 타월 사용 및 건식 · 습식 사우나는 피하는 것이 좋다.

5. 지루성 두피(Seborrheic Scalp)

(1) 정의

비듬균인 피티로스포룸 오발레(*Ptiyrosporum ovale*)는 정상 두피에서는 약 46% 내외 정도, 비듬성 두피에서는 74% 정도, 지루성 두피에서는 83% 정도 내외로 존재하고 있다. 지루성 두피는 안드로겐 호르몬의 영향으로 피지를 증가시켜 비듬균의 이상 증식과 과도한 피지분비 및 피지산화가 두피를 자극하여 염증을 발생시키고 각질의 생성을 촉진하여 발생한다. 남녀노소 누구에게나 생길 수 있으며, 재발의 확률이 높으며, 피지선이 발달한 얼굴 · 가슴 · 두피 등에 발생하여 탈모를 동반하기도 한다.

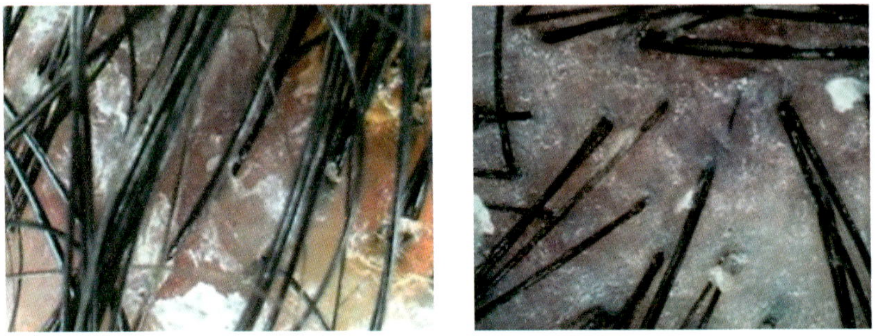

그림 3-21 지루성 두피

(2) 특징

① 샴푸 후 8시간이 지나면 다시 두피에 기름이 지기 시작하며 가려움증이 나타나기 시작하고 두피 냄새가 난다.

② 두피에 노랗게 곪은 염증이 나타나며 가려움증이 심하다.

(3) 원인

① 유전적 요인으로 안드로겐 호르몬의 분비가 많거나 갑상선 기능 항진증(hyperthyroidism)이 있는 경우에 생긴다.

② 과도한 스트레스로 인해 호르몬의 균형이 깨져 남성 호르몬의 분비가 많아지기 때문이다.

③ 피지가 과도하게 분비되었지만 샴푸를 깨끗하게 하지 않을 때 생긴다.

④ 인스턴트 식품이나 지나치게 기름기가 많거나 당분이 많은 음식물을 섭취하는 것이 원인이다.

⑤ 경구용 피임약이나 스테로이드제를 남용할 경우에 발생한다.

(4) 관리방법

① 피지분비량이 많으므로 아침 · 저녁으로 자주 깨끗하게 샴푸한다.

② 적당한 운동과 스트레칭 및 가벼운 마사지로 스트레스를 풀어 준다.

③ 균형 잡힌 식생활과 피지를 조절해 주는 비타민 B_2나 비타민 B_6 등이 풍부한 식품을 섭취한다.

④ 진균이 많은 두피유형이므로 약용 샴푸나 비듬성 샴푸를 사용한다.

⑤ 화학성분이 강한 샴푸제나 파마 및 염색과 같은 헤어시술은 두피에 자극을 가해 증상이 더 악화될 수 있으므로 가급적 자제한다.

⑥ 증상이 심할 경우에는 반드시 전문의의 치료를 받아야 한다.

⑦ 비타민 C와 비타민 E 성분을 사용하여 두피에 항산화 효과를 준다.

⑧ 참기름 · 들기름 · 올리브유 등 식물성 불포화지방산을 섭취한다.

⑨ 비타민 B_1이 많이 포함된 간 · 시금치 · 현미 · 녹황색 야채 · 과일류와 비타민 D가 많이 포함된 간 · 표고버섯 · 등푸른 생선을 많이 섭취하면 도움이 된다.

6. 복합성 두피(Compound Scalp)

(1) 정의

요즈음 젊은 여성들에게서 가장 흔히 볼 수 있는 두피 타입으로, 두피는 지성이면서 모발은 건성인 상태를 말한다.

그림 3-22 복합성 두피

(2) 특징

① 두피는 지성이나 모발은 건성인 상태이다.

② 피지선의 활동은 지성 두피를 형성하나 파마나 염색 등 잦은 화학시술로 인해 모발은 건성화되어 있다.

③ 두피가 단단해지면서 모근에 압박이 가해짐으로써 혈액순환이 원활하지 못해서 모발에 영양공급이 되지 않는다.

(3) 원인

① 파마나 염색 등 잦은 미용시술로 두피와 모발이 손상되어서 발생한다.

② 과도한 스트레스와 과로에 의한 두피의 긴장으로 혈액순환과 영양공급의 장애로 인하여 나타난다.

③ 피지선의 이상 활동으로 인하여 피지의 과대분비와 호르몬의 불균형으로 인하여 복합성 두피를 유발시킨다.

(4) 관리방법

① 두피에는 유분제거를 위한 샴푸, 그리고 모발에는 영양공급을 위한 단백질 함유 샴푸로 나누어 두피와 모발에 맞게 샴푸를 구분해서 모발과 두피를 따로 관리해 주어야 한다.

② 두피와 어깨 목의 마사지를 통해 두피의 혈액순환을 원활하게 해준다.

③ 건성 모발의 경우는 자주 끊긴다거나 모발의 굵기가 얇은 양상이므로 잦은 펌이나 염색을 자제하고 적절한 헤어 제품을 사용한다.

7. 비듬성 두피(Dandruff Scalp)

(1) 정의

각질층의 건조 또는 각질세포의 이상증식으로 비듬이 쌓이고, 가려움이 동반되는 두피로 피지분비 항진과 세균번식이 원인이며 일반적으로 건성 비듬과 지성 비듬이 있다.

(2) 건성 비듬

그림 3-23 건성 비듬

1) 특징

① 각질층의 건조, 각질 세포의 이상증식에 의해 어깨나 머리에 떨어지는 하얀 가루 형태의 비듬이 형성된다.
② 잦은 펌 · 염색 · 탈색에 의해 과도하게 피지가 제거된 경우로 알칼리성의 펌제, 염색제, 탈색제, 비누, 샴푸 잔유물로 인해 발생할 수 있다.
③ 모발이 푸석거리고 가려움증을 수반한다.

2) 원인

① 잦은 펌, 염색, 드라이 등의 과도한 미용시술로 두피가 건조해진 상태에 적절하지 않은 헤어 케어 제품의 사용으로 인해 발생할 수 있다.
② 과도한 스트레스와 수면 부족 등으로 인한 신진대사의 불균형으로 인하여 세균이 증식될 수 있다.
③ 계절적으로 건조한 기후인 경우에 두피 · 모발의 건성화로 인해 비듬을 유발시킬 수 있다.

④ 두피 · 모발 샴푸 시 충분히 헹구지 않았을 경우에 건성 비듬을 유발시킨다.

③ 관리방법

① 건성 비듬은 피지가 부족하여 생기는 경우이므로 과도한 샴푸는 피하고 주 2~3회 정도 하도록 한다.

② 두피에 수분과 영양을 공급해 주는 것이 중요하므로, 지용성 비타민이 함유된 오일이나 크림을 도포하여 두피 마사지를 자주 해 준다.

③ 두피를 청결하게 해주고 비듬전용 샴푸제 사용 시 3분 정도 방치 후에 헹구어 낸다. 살균, 소독력이 있는 약용 샴푸를 사용할 경우 증상이 호전됨에 따라 횟수를 줄여 준다.

④ 잦은 펌이나 염색 등의 화학적 시술을 자제하고 헤어 제품의 사용 시 유수분이 적절한 제품을 사용한다.

⑤ 피지조절과 감염에 유의한다.

(3) 지성 비듬

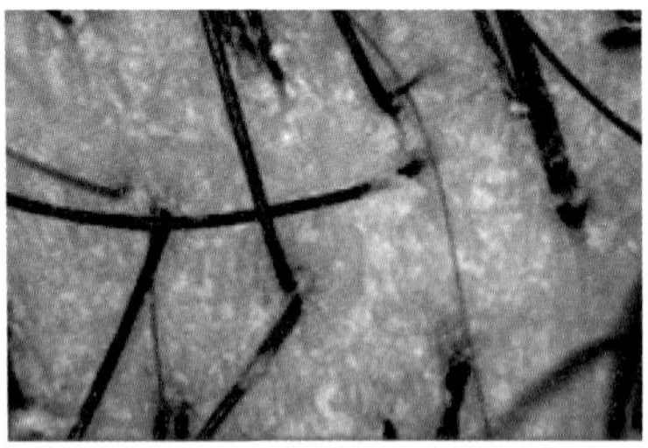

그림 3-24 지성 비듬

1) 특징

① 모공주위에 피지 · 땀 · 오염물질과 함께 각질이 엉겨붙어 누렇고 끈적거린다.

② 증상이 심해지면 지루성 피부염으로 발전될 수 있다.

③ 과도한 스트레스 및 피로의 누적으로 인해 지성 비듬이 심해진다.

④ 두피의 피지는 산화과정에서 악취와 가려움증 및 염증을 나타내며 심각한 경우는 탈모로 이어질 수 있다.

2) 원인

① 과도한 스트레스와 불충분한 영양섭취로 인해 신진대사의 불균형을 가져오게 되므로 발생한다.
② 남성 호르몬의 불균형으로 인한 피지의 과다 분비로 비듬균이 이상 증식하여 두피 각질화 주기의 이상을 초래할 수 있다.
③ 화학성분이 강한 샴푸제 또는 알코올 성분이 강한 헤어 제품 사용으로 두피와 모발이 자극을 받아 지성 비듬을 유발시킬 수 있다.

3) 관리방법

① 과도한 피지가 원인이므로 피지 조절과 세균에 감염되지 않도록 하고, 비듬균의 증식억제를 위해 두피에 살균 소독을 해주는 것이 효과적이다.
② 수분과 유분의 적절한 공급이 필요하므로 두피에 영양을 공급하고 혈액순환 촉진을 위해 마사지를 병행한다.
③ 샴푸 및 모발 관리 시 pH가 높은 알칼리 제품이나 강한 알코올 성분을 함유한 제품 사용은 피한다.
④ 주 2회 정도 두피 스케일링 시술을 받는다.
⑤ 비타민 A와 비타민 B가 들어 있는 당근이나 시금치 등의 채소류가 좋다.

8. 탈모 두피

모발은 사람의 일생처럼 일정한 주기를 가지고 있으며, 이는 모발의 성장기, 퇴화기, 휴지기, 발생기의 순으로 이루어져 있다. 유전, 호르몬, 스트레스, 나이, 계절, 생리적인 요인, 생활습관, 질병 등으로 모주기에 이상이 생기면 탈모가 나타난다. 모발은 보통 10만 개 정도 있으며 90% 전후의 성장기 모발과 10% (전·후)의 휴지기 모발들로 이루어져 있다.

탈모는 크게 모발이 가늘어져 연모화되는 과정과 성장기가 짧아지는 것, 그리고 성장기의 모발이 줄어들고 휴지기의 모발이 많아지는 것 등으로 나눌 수 있다. 일반적으로 1일 50~100개 정도의 모발 탈락을 '정상적인 탈모'라고 하지만 그 이상으로 진행될 때 '이상 탈모'라고 한다.

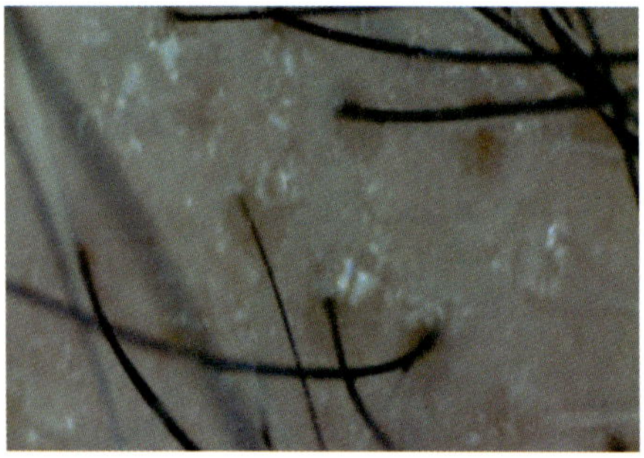 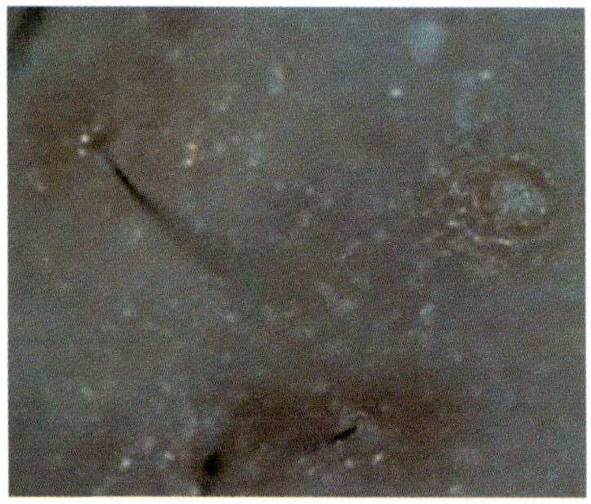

그림 3-25 탈모 두피

(1) 특징

① 피지분비의 저하로 인해 두피가 건조하거나 세균에 감염되었을 경우는 두피가 가렵다.

② 피지 및 노폐물이 많아진다.

③ 모발이 나오는 숫자보다 빠지는 숫자가 많아진다.

④ 앞 이마 라인이나 정수리의 모발이 특히 더 가늘어지고 숱이 없어진다.

⑤ 휴지기가 길어지고 성장기가 짧아진다.

⑥ 모근이 피부위층으로 밀려 올라와서 모근의 깊이가 짧아진다.

(2) 원인

내부적인 요인	외부적인 요인
• 유전 • 호르몬 • 영양장애 • 스트레스 • 질병 • 노화	• 물리적 자극 • 화학적 자극 • 계절적 요인

(3) 관리방법

① 적절한 스케일링과 샴푸를 시행하여 두피의 노폐물을 제거하고 영양분의 흡수가 잘 되도록 해 준다.

② 두피를 진정시켜 주고 pH밸런스를 맞춰 주는 토닉 및 영양제를 도포한다.

③ 두피로 영양을 흡수시키는 것도 중요하지만 음식으로 먹어서 흡수되는 양이 훨씬 더 많으므로 두피 및 모발에 좋은 영양소를 충분하게 섭취하며, 지나치게 자극적인 음식이나 인스턴트 식품 · 술 · 담배 등은 자제한다.

④ 연어, 참치, 호두, 케일 등 오메가 3 지방산이 함유된 음식을 섭취한다.

⑤ 시금치, 당근, 굴 등을 섭취한다.

2. 두피 관리기기 시스템 및 사용법

두피 · 모발관리에 있어서 기기의 선택과 사용은 두피관리 및 제품의 침투를 도와주는 역할을 하며, 두피의 혈행을 돕고 두피질환 및 탈모를 예방하고 관리하기 위해 필요하다. 대표적인 기능으로는 두피나 모발을 위한 기기, 세정에서 노폐물을 제거해 주고 마사지 역할과 두피운동을 촉진시키는 기기, 제품의 흡수와 질환을 치료해 주고 영양공급을 원활히 해주는 기기 등으로 나눌 수 있다.

무분별하고 잘못된 기기의 사용은 탈모의 가속화와 두피질환의 문제점이 생길 수 있으므로 기기의 기능을 잘 파악하여 적절하게 사용하여야 한다.

(1) 두피·모발 진단기

1) 관리 목적 및 효과

탈모의 진행 여부 및 정도, 모발의 굵기, 피지 및 각질의 양 등 두피의 상태와 문제점을 배율 렌즈를 사용하여 두피 상태나 모발 상태를 체크하는 기기이다.

(2) 레밍턴(Remington, 고타 진동 마사지기)

고타 진동기는 손으로 잡고 사용하며 가볍고 사용과 휴대가 간편하다. 고타 진동기의 효과는 손 마사지의 고타법의 효과와 비슷한데 이것은 전기 모터가 헤드를 움직여 진동(Vibration)을 주도록 만들어져 있다.

헤드는 여러 부속품, 즉 스펀지나 스파이크 같은 것을 끼워서 사용할 수 있게 되어 있고, 강도 조절기로 탭의 증감을 조절해서 피부상태에 맞게 조심스럽게 관리할 수 있도록 되어 있다. 초당 진동수는 전류량과 관계가 있는데 50Hz의 주파수로 초당 100번의 탭이 생긴다.

관리시간은 고객의 상태에 따라 5~15분 정도씩 배정한다.

1) 관리목적 및 효과

① 피부를 자극하여 혈액 순환과 기초 대사량을 증가시켜 피부(두피)의 상태를 좋게 한다.

② 조직의 온열효과는 지방선을 자극하여 지방생성을 도와 피부를 윤택하게 한다.

③ 헤드로 두피를 마사지하면 피부표면의 각질이 제거되어 피부가 부드러워진다. 근육 섬유 내에서 발생한 열은 근육의 이완을 돕고 긴장을 완화하며 특히 긴장이나 스트레스에 따라 경직된 마디의 이완에 효과적이다.

④ 관리결과로 인한 혈액순환의 증가는 그 부위에 영양과 산소 공급을 증가시키고 노폐물을 제거하며 홍반이나 혈관확장 등으로 인하여 피부 색상과 톤을 좋게 하고 기초 대사량을 증가시켜 조직의 상태를 좋게 한다.

⑤ 헤드의 마찰에 의한 혈액순환의 증가는 그 부위의 온도를 높여 근육의 이완과 근육통의 감소, 지방선의 활동 증가를 가져오며 피부각화를 막아 피부 상태를 증진시킨다.

(3) 헤어 스티머(Hair steamer)

스팀기에는 여러 가지 형식의 것이 있지만 수증기의 입자가 크고 무거우며 습한 수증기를 발산하는 것이 좋다. 이와 같은 성질의 수증기는 피부에 습기를 주고 각질을 팽윤 · 연화시키기 때문에 스캘프 트리트먼트용으로서 적당하다.

1) 관리 목적 및 효과

따뜻한 스팀을 통해 모발과 두피에 수분을 공급하고 모공을 열어 필링 용액이 제대로 작용할 수 있도록 하여 두피의 오래된 각질을 쉽게 제거할 수 있도록 작용한다.

① 건성 · 지성 두피는 온도 40℃, 관리시간은 10분 정도로 맞춰 충분한 수분을 공급한다.

② 비듬성 두피는 관리온도 44℃~45℃, 관리시간은 10~15분으로 하여 비듬이 충분히 불어서 떨어지기 쉽도록 한다.

③ 두피가 예민하거나 열이 많은 경우는 온도 38℃, 관리시간은 7~10분 정도로 한다.

(4) 스캘프 펀치(Scalp punch)

건강하지 못한 두피환경을 개선하기 위한 업소용 두피 세정기이다. 맥동수류 발생장치로 1분당 1,800회의 파동을 주어 두피나 모공의 누적된 노폐물을 효과적으로 제거하여 두피를 청결하고 건강한 상태로 만들어 준다, 또한 모공을 완전히 열어 주어 모근의 호흡작용을 돕고 영양물질이 흡수될 수 있도록 준비하며, 1초에 약 30회 맥동하는 제트수류(Jet water)의 기분 좋은 자극이 상쾌함과 릴랙스 효과를 준다.

1) 관리목적 및 효과

① 샴푸로 떨어지지 않는 두피의 각질과 노폐물을 간단히 제거할 수 있다.

② 기분 좋은 두피자극에 따른 마사지 느낌과 상쾌함을 느낄 수 있다.

③ 가려움이나 염증의 원인이 되는 잔류 샴푸를 간단히 제거한다.

④ 피부염이나 염증의 원인이 되는 펌 제품이나 염색제품의 잔여물을 제거해 모공의 영양물질의 흡수를 촉진시킨다.

⑤ 지성 두피는 물의 온도를 낮게(미온수) 하고 건성 두피는 물의 온도를 따뜻하게 해서 관리하는 것이 피지분비조절을 위해서 효과적이다.

2) 임상 효과

① 단 한 번 관리를 하더라도 모공의 노폐물이 닦이는 것을 볼 수 있다. 하지만 각질이나 비듬이 많은 경우는 여러 번의 관리가 필요하다. 또한, 각질이나 비듬이 많을 경우는 두피 전체를 관리하여야 빠른 효과를 볼 수 있다.

② 모발 수와 모발 길이에 따라 노즐을 선택적으로 바꾸어가며 사용하면 최대한의 효과를 발휘하게 한다.

(5) 적외선(Infrared ray)

적외선은 파장 70~400,000nm 사이의 전자기파이다. 태양으로부터 발산되며 또한 여러 가지 조명과 불꽃이나 가스 혹은 전열기 등의 뜨거운 물체에서도 발산된다. 적외선을 발산하는 램프는 무광 타입과 발광 타입이 있다.

1) 관리 목적 및 효과

이완을 촉진시키기 위한 일반적인 열관리와 긴장감을 풀어 주기 위한 국부 관리에 주로 사용한다. 피부가 제품을 잘 흡수하도록 하기 위해 사용하며 다른 관리들의 효과를 증가시키기 위한 국부적 혹은 전체적인 예열 관리 시에 사용되기도 한다.

① 신체조직의 열전달

조직에 적외선이 흡수되면 그 부분에 열이 발생된다. 발광기구에 의한 적외선이 무광 램프에 의한 것보다 더 깊이 침투한다. 따라서 표피조직과 내부조직이 직접적으로 가열된다.

② 신진대사율의 증가

신진대사는 열에 의하여 가속되는 화학물질의 교환으로, 표피 조직에 열을 가하면 신진대사율이 더욱 더 증가된다. 따라서 더 많은 산소와 영양분이 필요하게 되며 불순물과 불필요한 신진대사물이 방출된다.

③ 순환의 증가와 혈관팽창

열의 발생은 발생된 열을 식히기 위한 혈액유입의 증가로 직접적인 혈관확장의 효과를 유발한다. 또한, 감각신경 종말의 자극으로 인하여 동맥이 확장됨으로써 혈관 확장의 효과가 발생된다.

2) 임상효과

① 제품의 흡수 능력이 뛰어나다.
② 두피가 얇은 고객은 센 강도의 관리를 받으면 두피 통증을 호소하므로 약하게 관리한다.

(6) 고주파기(High frequency radio set)

고주파기는 고주파 교류전류(초당 100,000 싸이클 이상의 교류전류를 '고주파'라 한다.)를 사용하는데, 약 250,000 싸이클 정도의 고주파도 사용할 수 있으나 보통 그보다 낮은 전류를 사용한다. 고주파 전류는 파동주기가 너무 짧기 때문에 근육수축을 자극하지는 못하고 피부를 통과하여 열효과를 낸다.

각기 다른 목적을 위해 만들어진 다양한 모양의 전극봉들은 끝에 금속이 연결된 유리봉으로 되어 있는데 유리봉 내에는 매우 작은 양의 공기와 네온이나 수은 등이 들어 있다.

그러므로 고주파기에서 홀더를 통과해서 봉으로 전류가 흐르게 된다. 이 때 전극봉의 유리 튜브 내의 공기와 가스가 이온화되어 전류가 튜브를 통해 근육으로 흩어져서 흐르게 된다. 이 전극봉은 공기가 들어 있으면 자색이 되고, 네온이 들어 있으면 오렌지색이 된다. 또한, 수은이 들어 있으면 푸른 자색이 되어 적외선을 발산한다.

1) 관리 목적 및 효과

살균, 소독효과, 혈액순환, 두피의 미세순환개선, 모세혈관자극, 제품흡수촉진, 여드름 관리, 피지량 조절, 두피 세포 조직 강화 등의 효과가 있다.

① 빗(comb) : 비듬 제거, 탈모방지, 두피의 조직강화

② 봉 : 염증의 살균 · 소독

③ 머시룸(mushroon : 버섯 모양의 헤어스타일) : 사용 시 적정한 육모제를 바른 후 원을 그려가며 제품을 침투시킴

2) 임상효과

① 예민한 두피를 진정시키는 것은 머시룸(mushroon)으로 관리하는 것이 가장 효과적이다.

② 염증을 전극봉으로 진정시킬 때는 누르지 말고 살짝 문지르는 느낌으로 관리한다.

③ 각질 관리 차원에서 두피 건조를 막기 위해 관리시간이 10분이 넘지 않도록 조심한다.

(7) 소프트 레이저(Soft laser)

현재 병원에서 자주 사용되는 레이저는 헬륨 · 네온 레이저로 기체 레이저 중에서 가장 많이 알려져 있다. 이 레이저들은 세포와 조직에 매우 자극적인 효과를 나타내며 '바이오 스티뮬레이션 레이저(bio stimulation laser)'라고 한다.

1) 관리 목적 및 효과

① APT 생산이 150% 정도의 증가

② 콜라겐 섬유의 증대

③ 특정 효소의 증가

④ 림프 배출의 촉진

⑤ 혈액순환 촉진

⑥ 상처의 재생

⑦ RNA와 DNA 단백질 합성의 증대

2) 임상효과

① 레이저는 앰플과 서로 상승효과를 나타낸다. 원형 탈모의 경우에 레이저 관리 시 앰플을 바르고 그 부위에 5초 동안 정지한다.

② 격일로 관리하나, 두피 상태가 좋을 때는 집중관리하는 것이 효과적이다.

(8) 광선기(light bomber)

인류는 태양광선 아래에서 공기를 흡입하고 영양을 섭취함으로써 생존하고 생식과 생활에 필요한 에너지를 얻고 있다. 그러므로 두피에 태양광선과 비슷한 가시 종합선을 쏘여줌으로써 두피의 재생효과를 가져올 수 있다.

1) 관리 목적 및 효과

① 에너지 증강

가시 종합선을 40~50℃의 온도로 인체의 피부 표면에 조사하면 그 열은 그대로 체내에 흡수되어 공기 중의 산소와 식물이 합성한 에너지와 같은 에너지를 생성한다.

② 광화학 작용

파장이 짧은 광선 특히 자외선은 피부 심부까지는 도달하지 않지만 대단히 강한 광화학 작용이 있으므로 병원균을 살균하고 피부에 여러 가지 유효물질을 생성한다. 살균뿐만 아니라 세포의 재생 효과와 산소공급 효과까지 준다.

2) 임상효과

① 피지 조절 능력이 뛰어나므로 지성 두피 관리에 좋다.

② 꾸준하게 관리하면 모발이 검어지고 굵어진다.

③ 제품을 바르고 관리하면 적외선보다 흡수되는 정도가 빠르다.

(9) 확대경(Magnifying glass)

20배로 확대되어 보이며 고객의 두피를 측정할 때나 육안으로 볼 수 없는 부분을 볼 때에 사용한다. 먼저 스파툴러(spatula)로 긁은 후에 그 부위를 보고 관찰하며 각질 여부나 전체적인 두피 상태를 관찰한다.

(10) 에어 컴프레서(Air compressor)

미세혈관 촉진기능으로 혈관을 확장하고 혈관순환 조직에 따른 안색 톤을 정리해 주며 두피의 자생력을 강화시키고 튼튼한 조직으로 관리해 준다. 노화의 주원인인 유해산소를 순수산소 시스템이 효과적으로 중화 · 제거시켜 노화의 가장 직접적인 원인을 제거해 주며 전원 코드가 없어 이동이 편리하다. 스케일링제와 영양제 등의 성분을 산소와 함께 두피에 분사하여 흡수시킨다.

1) 관리 목적 및 효과

① 두피에 산소 공급을 해줌으로써 오래된 각질을 제거하고 두피에 수분흡수력을 증가시킨다.

② 모낭세포가 새로운 세포로 재생하여 두피세포를 젊고 활력 있게 유지시켜 건강한 모발로 자라게 한다.

③ 모공 깊숙이 침투하여 혈액순환을 원활히 하여 모공의 활성화와 오염물질을 완전하게 제거시켜 준다.

(11) 두피 마사지기(Scalp massage)

혈액순환과 기초 대사량을 증가시키고 피지선 자극으로 두피상태를 개선하며, 근육이완으로 기분전환을 시킨다.

(12) 갈바닉(Galvanic)

음이온의 배출로 혈액순환을 촉진시키고 노폐물 배출을 촉진시킨다. 제품의 흡수력에 효과적이다.

(13) 두피 온욕모자(Scalp spa hat)

두피 세정을 위한 보조 제품으로 두피 온욕을 통해 두피의 혈행을 좋게 해주며 샴푸 잔여물이나 노폐물 등을 제거해 주는 보조제품이다. 온욕시에 사용하는 물의 성분 중 수돗물의 잔류 염소를 제거하는 동시에 비타민 C가 녹아나는 팩을 이용하여 효과를 증가시킨다. 사용과 휴대가 간편하여 홈 케어용 관리기기로 효과적이며, 반영구적인 특징을 지니고 있다.

3. 고객 상담

1. 고객 상담

(1) 상담의 의미와 목적

고객과의 상담을 통해 생활 습관이나 건강상태 · 나이 · 유전력 등을 체크하여 고객의 두피 및 모발에 발생된 문제점을 제시하고 전문적인 지식을 전달하며, 고객의 의견을 존중하여 적당한 관리프로그램과 건강한 생활 습관을 실천 · 유지할 수 있도록 하는 것에 상담의 목적이 있다.

(2) 상담자의 자세

고객이 불쾌함을 느끼지 않고 편안한 분위기에서 관리가 진행될 수 있도록 하기 위해서는 관리사의 자세가 매우 중요하다.

① 고객 상담에 앞서 주변 환경 및 복장과 신체를 위생적으로 청결하게 한다.
② 상담 시 고객을 정중하게 대하고 신뢰감을 준다.
③ 고객의 애기를 경청하고, 전문적인 지식을 전달한다.
④ 고객이 심리적으로 편안한 상태를 유지할 수 있도록 주위환경을 깨끗이 하고, 고객 차트(chart)를 꼭 작성한다.

⑤ 전문적인 지식을 통해 관리프로그램을 제시하고 시술이 끝난 후에 관리 전 후 비교를 통해 고객이 심리적 안정을 취할 수 있도록 한다.

⑥ 두피관리 후 지속적인 효과를 유지할 수 있도록 주기적인 상담과 관심을 갖는다.

(3) 고객상담 시 체크 내용

상담 단계에서 탈모의 원인과 두피의 타입 및 관리방법을 제시하고 고객카드를 작성한다. 고객카드 작성과 진단 시 체크 사항은 다음과 같다.

1) 체크 사항

① 고객정보

- 직업 : 구체적으로 쓸 것(직업으로 인한 탈모 유발가능성에 대한 타진)
- 결혼 : 여성의 경우 산후탈모 및 기간에 대한 정보
- 유전 : 유전성 탈모의 영향 여부 파악
- 건강 : 질환의 여부와 복용하는 약물의 파악

② 생활 패턴 진단

- 샴푸 : 사용하는 종류, 시간대(아침,저녁), 횟수(1일 또는 1주일에 몇 번)
- 모발건조습관 : 자연건조, 드라이(열), 건조(말리지 않은 상태에서 묶거나 젖은 상태에서 취침 여부 파악)
- 스타일링제 사용 : 왁스, 겔, 스프레이 등 스타일링제 사용 후 취침 전 세정 유무
- 식생활 및 다이어트 : 하루 식사 횟수와 규칙성 여부, 음식 패턴(매운맛, 짠맛 등), 다이어트
- 수면상태 및 수면시간 : 일반적인 수면시각과 평균수면시간
- 흡연 및 음료 : 흡연정도와 음료(탄산음료, 커피, 술 등)
- 운동 : 1주일에 몇 번, 몇 분 정도
- 약복용 및 병력 : 수술병력, 약복용 여부(비타민, 미네랄제 포함), 여성은 피임약 복용 여부, 최근에 먹기 시작한 약, 중단한 약, 알레르기 확인 등

③ 상담정보(두피 진단 시에 손 소독할 것)

- 두피상태 : 두피 체크 후 진단
- 모공상태, 두피상태, 모발상태 진단 후 체크(모발 체크 시 파마, 염색모는 시술 주기 확인)

④ 발생위치 등 특이사항 그림에 체크

- 두부 진단 시 문제 부위를 체크(시술 시 중점 관리하기 위함)

⑤ 특이사항(처방)

- 관리 매뉴얼 쓰기(순서, 기기사용 시 온도 · 시간 등)
- **어드바이스(advice)**
  상담 시 문제점에 대한 해결 방안을 정리해서 쓸 것

2) 진단(Diagnosis)

감각적인 측정방법과 첨단 시스템을 통해 보다 정확한 진단 결과를 종합해 고객의 트리트먼트 프로그램이 결정된다. 두피의 상태는 정상 두피, 건성 두피, 지성 두피, 비듬성 두피, 예민성 두피 등 5가지로 분류된다.

① 두피 진단 과정

- 두피가 예민한가
- 두피의 유 · 수분 밸런스가 맞는가
- 비듬, 가려움증이 있는가
- 모발의 굵기와 밀도는 적당한가
- 모발이 많이 빠지는가
- 모발에 광택이 없고 모발이 약해졌는가

(4) 상담 시 주의사항

두피 관리는 단기간에 효과를 보기 어렵다는 것을 인식시키며, 두피의 지속적 관리의 중요성을 인식시키고, 두피건강에 좋지 않은 생활 습관을 변화시켜 좋은 생활 습관을 갖고 유지하도록 한다. 또 두피관리의 전문인으로써 정확한 전문지식을 전달하고 두피관리 전과 후의 정확한 비교분석에 대해 설명한다.

4. 스캘프 트리트먼트의 실제

1. 스캘프 트리트먼트의 개념

스캘프 트리트먼트란 두피 및 모발을 건강하고 아름답게 유지하기 위하여 시술하는 기술이다.

두피는 다른 피부와 같이 건강한 두피, 지성 두피, 건성 두피로 나누어진다. 건강한 두피란 항상 적당한 지방막에 덮여서 정상적인 각화작용이 이루어지고 있는 두피를 말하고, 지성 두피는 정상 두피에 비하여 피지의 분비가 과다하며, 건성 두피는 피지의 분비가 미약해서 건조하고 각화작용이 순조롭게 이루어지지 않는 상태를 말한다. 또한 두피는 땀, 때, 비듬 및 그 외 여러 가지 요인들로 인해 오염되기 쉬우므로 항상 청결하게 유지해야 한다.

모발은 두피 속의 혈액으로부터 영양을 섭취하여 자라므로 두피의 상태 정도에 따라서 모발에 크게 영향을 끼친다. 스캘프 트리트먼트에는 여러 가지 시술방법이 있으나, 각각 공통된 것으로서 다음과 같은 목적을 갖고 있다.

① 혈액의 흐름을 촉진시키고, 긴장을 완화시키며, 두피 림프샘의 작용을 활성화시켜 모발의 성장과 건강을 유지시켜 준다.
② 탈모와 비듬의 치료를 도와준다.
③ 두피가 건조해지지 않도록 해주고 피지분비의 과다를 예방하는 데 도움을 준다.
④ 두피와 모발의 상태에 따라 유분을 적당히 보충하고, 모발에 윤기를 준다.
⑤ 모발의 성장을 돕는다.

스캘프 트리트먼트는 대개 샴푸 기술 및 헤어트리트먼트 기술과 병행해서 시술한다. 따라서 샴푸 기술을 행할 때에도 앞에서 이야기한 목적과 효과를 염두에 두고서 시술하는 것이 가장 중요하다. 그러나 두피에 이상이 있는 경우와 퍼머넌트 웨이브, 염색 및 탈색과 같은 시술 직전에는 스캘프 트리트먼트를 시술하지 않는다.

2. 스캘프 트리트먼트의 종류와 특징

스캘프 트리트먼트의 시술과정은 물리적인 방법과 화학적인 방법으로 나눌 수 있으며, 두피의 상태에 따라서 시술방법은 달라진다.

(1) 물리적 방법

물리적인 방법은 두피에 물리적인 자극을 주어서 두피 및 모발의 생리 기능을 촉진시켜 주는 방법으로 브러시를 사용하는 방법, 스캘프 매니플레이션(manipulation)에 의한 방법, 스팀 타월 또는 헤어 스티머 등의 습열, 자외선 램프의 온열을 이용하여 시술하는 방법 등이 포함된다.

(2) 화학적인 방법

화학적인 방법은 헤어 토닉(hair tonic, 양모제), 스캘프 트리트먼트제 등을 사용해 두피 및 모발의 생리기능을 건강하게 유지시키는 시술방법이다. 따라서 스캘프 트리트먼트는 두피의 상태에 따라서 그 시술방법이 여러 가지로 나뉠 수 있지만 위에서 설명한 물리적 방법과 화학적 방법을 종합적으로 이용하여 시술한다.

3. 스캘프 트리트먼트의 시술방법

스캘프 트리트먼트는 건성, 지성, 중성 등의 두피상태에 따라 관리방법이 차별화되어야 한다. 과도한 건성 또는 지성 두피에서 많이 볼 수 있는 비듬증도 종종 문제가 된다. 비듬은 피부의 각화에 의한 각질층의 이상으로 벗어져 떨어지는 현상이고, 원인으로는 두피의 혈액 흐름장애, 부적절한 식생활, 정신적 스트레스, 두피의 불결함 등이 될 수 있다.

비듬은 불결할 뿐만 아니라 세균의 번식을 용이하게 하여 두피를 감염시킬 수도 있으므로 비듬에 따른 트리트먼트를 시술해야 한다.

정상 두피에는 플레인 스캘프 트리트먼트(plain scalp treatment), 건성 두피에는 드라이 스캘프 트리트먼트(dry scalp treatment), 비듬제거를 목적으로 하는 댄드러프 스캘프 트리트먼트(dandruff scalp treatment) 등이 있다.

4. 순서

두피 관리의 순서는 다음과 같다.

고객 상담 → 두피 진단 관리 → 프로그램 설정 → 브러싱 → 승모근 마사지 → 스케일링 → 샴푸 및 두피 마사지 → 앰플 도포 → 기계관리 → 마무리 → 홈 케어 안내

(1) 고객 상담

고객을 상담실로 안내한 후 자연스러운 대화를 통한 고객관리 카드를 작성하며, 10~15분 정도의 상담이 적당하다.

(2) 두피 진단

고객 상담 차트를 바탕으로 두피를 육안으로 피지와 땀의 분비량, 각질 · 비듬 상태 · 예민 정도 · 두피 톤 등을 관찰한다.

두피 진단에는 일반적인 진단 방법으로 견진법, 촉진법, 문진법이 있으며, 두피 진단기를 이용해서 두피의 성상, 두피의 홍반 정도, 두피의 피지 분비량 및 땀의 분비량, 모공상태 및 각질 상태, 모발의 밀도, 모발의 굵기, 모발의 상태 등을 정확하고 정밀하게 진단할 수 있다.

(3) 관리프로그램 설정

관리프로그램 설정은 고객의 두피 타입에 따른 진단 결과의 프로그램들을 설정하는 과정으로 관리사와 고객이 의사소통을 하는 과정이다. 이 과정은 두피 특성에 맞는 제품과 관리기기와 마사지 프로그램을 결정하기 위한 중요한 단계이다.

(4) 브러싱

브러싱(brushing)은 두피를 손질할 때 제일 먼저 행하는 시술방법으로, 샴푸하기 전에 모발 및 두피에 부착된 불순물을 제거하고, 샴푸를 용이하게 해주며, 엉킨 모발을 가지런히 정돈해 주는 데 목적이 있다.

또한, 두피를 자극함으로써 피지분비를 촉진시켜 주면서 두피부분의 피지를 모선 부분까지 고루 분포되게 해준다. 이때 브러싱 방법은 보통 두피로부터 모선을 향해서 브러싱하며, 브러시 자체로 두피를 자극함과 동시에 브러시로 머리카락을 부드럽게 잡아당겨 두피에 가벼운 마사지 효과를 얻어내도록 시술한다.

(5) 승모근 마사지

승모근 마사지는 두피 관리 시작 전에 고객의 근육을 이완시켜 두피 혈액순환 촉진 및 정신적 안정과 신체적 릴랙스를 통하여 관리의 효과를 증대시키기 위한 두피 관리의 전단계이다. 마사지 시 편안한 음악을 틀고 조명을 낮춘 뒤 아로마 오일 등을 사용하여 최적의 환경을 조성한 후에 시행한다.

1) 경혈점

① 승모근(僧帽筋) : 목, 어깨, 등의 피로 및 체온 조절과 비뇨기계 건강관리에 유효한 경혈점

② 견정(肩井) : 유두와 어깨선이 수직으로 만나는 지점으로 목과 어깨 통증에 유효한 경혈점

③ 견료(肩髎) : 팔을 올렸을 때 뒤쪽 움푹 들어간 곳으로 근육통에 유효한 경혈점

④ 견우(肩髃) : 팔을 들어 올렸을 때 앞쪽 움푹 들어간 곳으로 관절과 근육통증에 유효한 경혈점

⑤ 천종(天宗) : 견갑골 중앙 오목한 부분으로 어깨와 견갑골 통증에 유효한 경혈점

⑥ 병풍(秉風) : 천종에서 수직으로 올라와서 어깨의 움푹한 곳으로 어깨와 등의 혈액순환 및 통 증에 유효한 경혈점

⑦ 견중유(肩中俞) : 경추 7번에서 2촌으로 어깨, 목, 견갑골, 통증 및 눈의 피로에 유효한 경혈점

⑧ 견외유(肩外俞) : 흉추 1번에서 3촌으로 등, 어깨, 목 통증 및 근육통에 유효한 경혈점

2) 승모근 마사지 순서

① 고객을 시술대로 안내하여 편안한 자세로 앉게 한 후, 고객의 어깨에 손을 얹고 온 몸의 긴장을 풀게 한다.

② 어깨와 목 근육을 이완시키는 동작으로, 얼굴을 45° 사선으로 한 손은 고개를 누르고, 다른 한 손은 어깨를 누르는 방법으로 양쪽을 번갈아 동일한 압을 이용하여 좌우 3회씩 반복한다.

③ 승모근 부위를 손바닥 장압을 이용하여 밀착시켜 주무르면서 어깨의 뭉친 근육을 풀어 준다. 이때 손가락 앞부분에는 힘이 가지 않도록 한다.

④ 견정, 견료, 견우, 천종, 병풍, 천종, 견중유, 견외유 혈을 지그시 누르면서, 어깨근육을 풀어 준다.(각 혈점들을 3번씩 눌러준다)

⑤ 견갑골 주위를 엄지를 이용하여 풍문부터 경락혈을 따라 고황까지 눌러 준다.

⑥ 척추 양방 2촌 부위의 방광경을 따라 내려가면서 가볍게 풀어 준다.

⑦ 한 손은 이마를 가볍게 받치고, 목의 근육을 처음에는 손끝→ 손바닥을 밀착하여 경추 중심으로 양옆을 위아래, 양옆 순으로 주물러 준다.

⑧ 두개골 아래 아문혈(瘂門穴)을 엄지로 눌러 준다.

⑨ 한 손은 두개골 밑을 안정되게 받쳐 주고, 다른 한 손은 이마에 놓아 천천히 뒤로 제쳐 주면서 목 뒤를 스트레칭 해 준다. 이때 중앙 부위에 압력이 가도록 하며, 양손가락 끝에 힘이 가지 않도록 한다.

⑩ 두피에 손을 넣어 둥글리듯 전체적으로 지압해 주고, 경직된 두피 근육을 풀어주기 위해 머리카락을 가볍게 쥐고 당겨 준다. 이때 머리카락이 걸리지 않도록 한다.

⑪ 백회혈(百會穴)을 엄지로 지긋이 3번 반복하여 눌러 주고 머리카락을 정돈해 준다.

⑫ 마무리 동작으로 가볍게 승모근 라인으로 쓰다듬어 준다.

(6) 스케일링(Scailing)

두피에 부족한 수분을 공급하고, 두피와 모공의 노화각질과 피지 산화물을 제거하는 단계이다.

(7) 두피 마사지 및 샴푸

두피 마사지는 두피의 혈행 촉진을 목적으로 신진대사를 높이고 피지분비를 촉진시켜 탄력있고 건강한 머릿결을 만들어 주며, 샴푸는 두피와 모발의 세정을 통하여 청량감과 안정감을 주며, 수분 공급과 모발의 손질이 용이하게 한다. 또한, 모근을 자극하여 발모 촉진 · 탈모예방 · 가려움증 방지 · 비듬방지 · 모세혈관을 원활하게 해주므로 두피와 모발 상태에 따라 적절한 샴푸를 선택하여 샴푸 테크닉을 적용시키는 것이 중요하다.

(8) 앰플 도포

두피에 물리적 자극을 주어 두피 및 모발의 생리기능을 건강하게 유지시켜 주는 단계로서 육모제나 앰플을 투여해 모모세포의 세포분열을 촉진할 수 있도록 영양공급을 해 준다.

(9) 기계관리

두피 관리 및 제품의 침투를 도와주는 역할을 하며, 두피의 혈행을 돕고 두피 질환 및 탈모를 예방하고 관리한다.

(10) 홈 케어 안내 및 마무리

모든 관리가 끝난 뒤에 전체 근육을 이완시키고 헤어 스타일을 정리한다. 고객에게 스캘프 트리트먼트 관리 전후를 비교하여 확인시킨 후에 고객의 현재 두피, 모발 상태와 관리 시술내용 및 향후 관리계획과 홈 케어 조언으로 마무리 한다.

5. 두피 유형별 관리의 실제

정상 두피, 건성 두피, 지성 두피, 비듬성 두피, 탈모 두피의 두피 스캘프 관리 과정은 다음과 같다.

표 3-7 두피 유형별 관리과정

<table>
<tr><th>번호</th><th>순서</th><th>정상 두피</th><th>건성 두피</th><th>지성 두피</th><th>비듬 두피</th><th>탈모</th></tr>
<tr><td>1</td><td>준비</td><td colspan="5">고객의 목에 타월을 감아 샴푸보를 두르고, 헤어 액세서리를 제거</td></tr>
<tr><td>2</td><td>마사지</td><td colspan="5">브러싱과 승모근 마사지</td></tr>
<tr><td>3</td><td>스케일링제</td><td>스캘프 스케일링제</td><td>드라이 스케일링제</td><td>오일리 스케일링제</td><td>댄드러프 스케일링제</td><td>오일리 스케일링제</td></tr>
<tr><td>4</td><td>스티머</td><td>10분</td><td colspan="2">10분</td><td>15분</td><td>10분</td></tr>
<tr><td>5</td><td>샴푸제</td><td>약산성 샴푸</td><td>드라이 샴푸</td><td>오일리 샴푸</td><td>댄드러프 샴푸</td><td>오일리 샴푸</td></tr>
<tr><td>6</td><td>앰플</td><td colspan="5">앰플 도포</td></tr>
<tr><td>7</td><td>기기</td><td>에어브러시</td><td>갈바닉</td><td>광선기</td><td>뷰티콤</td><td>소프트 바이오 빔</td></tr>
<tr><td>8</td><td>스타일링</td><td colspan="5">마무리 스타일링</td></tr>
<tr><td>9</td><td>결과 확인</td><td colspan="5">두피진단기를 통해 결과 확인</td></tr>
<tr><td>10</td><td>홈케어</td><td colspan="5">두피 타입에 맞는 두피 · 모발제품 추천과 생활습관 추천</td></tr>
</table>

5. 승모근 마사지

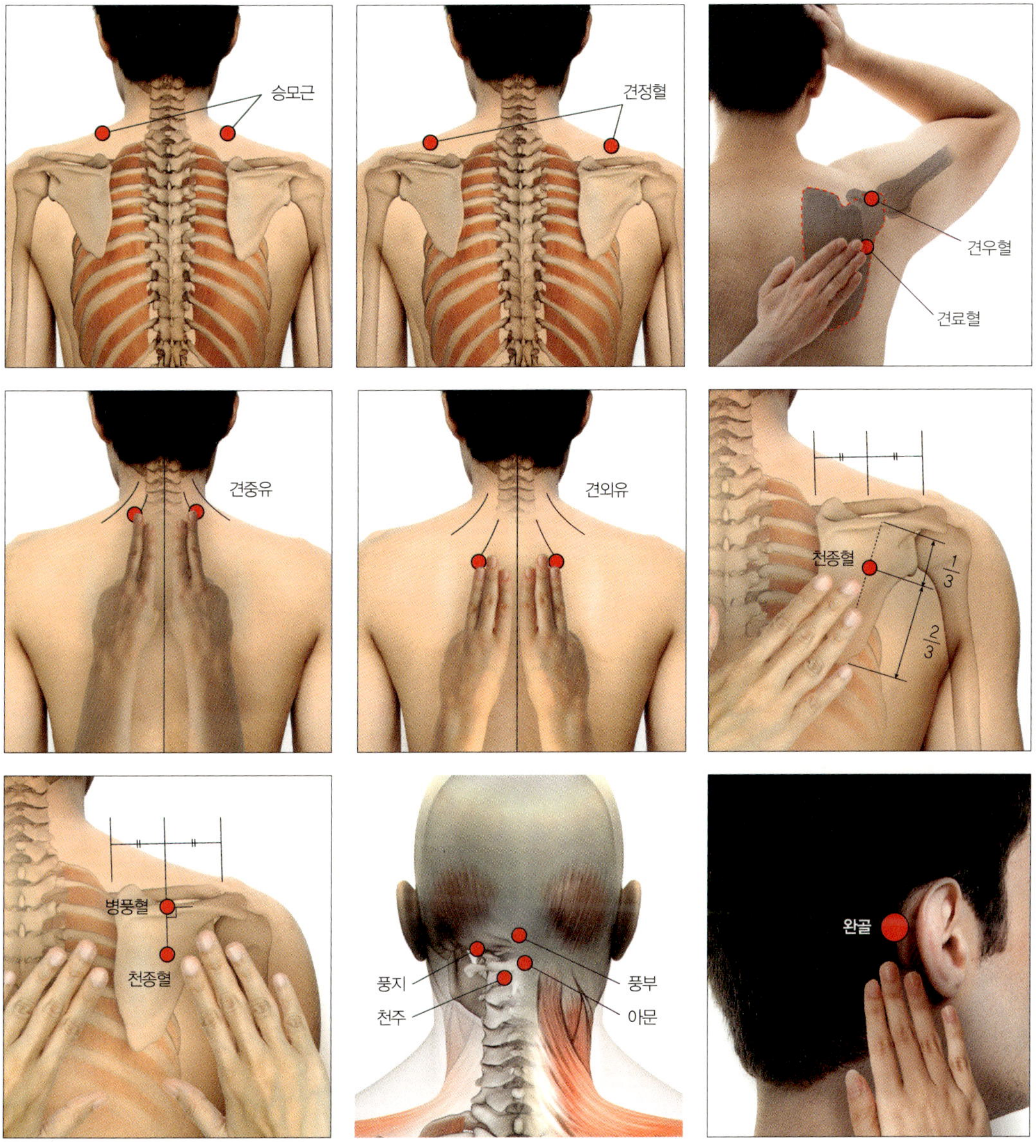

① 손의 마찰을 이용해서 열을 내고 쿠션 브러시를 이용해서 모발을 백회쪽으로 빗질해 준다.
② 목을 45° 돌린 후 좌 · 우로 스트레칭해 준다.
③ 목을 앞 · 뒤로 스트레칭해 준다.
④ 승모근 부위를 손바닥을 이용해서 어깨의 뭉친 근육을 풀어 준다.
⑤ 견정혈을 지그시 눌러 준다.
⑥ 견우혈을 지그시 눌러 준다
⑦ 견료를 지그시 눌러 준다.
⑧ 견우, 견료혈을 동시에 지그시 눌러 준다.
⑨ 견중유혈을 지그시 눌러 준다.
⑩ 견외유혈을 지그시 눌러 준다.
⑪ 천종혈을 지그시 눌러 준다.
⑫ 병풍혈을 지그시 눌러 준다.
⑬ 견갑골 주위를 손가락을 이용해서 눌러 준다.
⑭ 마무리 동작으로 두손을 모아 승모근 라인을 두드려 주고 쓰다듬어 준다.

6. 두피 타입별 두피 마사지 방법

(1) 지성 두피마사지법

1) 경찰법

손님의 기분을 가라앉힌다는 생각으로 행한다. 전두부에서 측두부로 행하고, 엄지를 제외한 네 손가락으로 가볍게 문지르듯이 양쪽 측두부까지 미끄러뜨리고, 중지로 관자놀이 부분을 가볍게 누르듯이 하여 손가락을 편다.

5~6회 반복한다.

2) 유연법

① 귀가 덮히도록 양손바닥을 놓고 양쪽 엄지손가락은 시구에, 양쪽 새끼손가락은 관자놀이에 오도록 한다. 손가락 끝 전체로 다섯 손가락이 제각기 원을 그리듯이 머리 정상까지 비비며 이동한다.

② 왼손을 전두부에 오른손을 후두부에 대고 왼손은 그 상태로 있고, 오른손은 손가락의 지문 부위로 나선형을 그리듯이 머리 정상으로 이동하여 주무른다.

3) 압박법

① 양쪽 측두부를 손바닥 전체로 들어 올리듯이 압박하고 조용히 힘을 뺀다. 두피의 긴장을 풀어주는 데 좋다. 5~6회 반복한다.

② 엄지손가락과 가운데 손가락을 사용, 시구를 아래에서 위로 밀어 올리듯이 누른다. 왼손 바닥은 앞머리를 받친다.

③ 목을 양손 엄지손가락으로 압박한다.

(2) 건성 두피 마사지법

1) 경찰법

전두부에서 측두부로 행하고, 엄지를 제외한 네 손가락으로 가볍게 문지르듯이 양쪽 측두부까지 미끄러뜨리고, 중지로 관자놀이 부분을 가볍게 누르듯이 하여 손가락을 편다. 5~6회 반복한다.

2) 유연법

① 귀가 덮히도록 양손바닥을 놓고 양쪽 엄지 손가락은 시구에, 양쪽 새끼손가락은 관자 놀이에 오도록 한다. 손가락 끝 전체로 다섯 손가락이 제각기 원을 그리듯이 머리 정상까지 비벼 이동한다.

② 왼손을 전두부에 오른손을 후두부에 대고 왼손은 그 상태로 두고, 오른손은 손가락 지문으로 나선형을 그리듯이 머리 정상으로 이동하며 주무른다.

3) 고타법

중지를 오른손 관자놀이에 댄다. 헤어 라인을 따라 원을 그리듯이 왼쪽 관자놀이까지 미끄러져 간다. 관자놀이에 도착한 후 가볍게 압박하는 것을 좌우 왕복으로 한다. 같은 방법으로 관자놀이에서 백회까지 한다.

4) 압박법

① 양쪽 측두부를 전체로 들어 올리듯이 압박하고 조용히 힘을 뺀다. 두피의 긴장을 풀어 주는 데 좋다. 5~6회 반복한다.

② 엄지손가락과 가운데 손가락을 사용, 시구를 아래에서 위로 밀어 올리듯이 누른다. 왼쪽 손바닥은 앞머리를 받친다.

7. 스캘프 샴푸

1. 두피 스케일링

① 시진, 문진, 촉진, 두피진단기, 두피의 냄새 유 · 무 등을 통해서 두피 진단 후 브러시를 이용해서 두발을 백회혈 쪽으로 빗질해 준다.

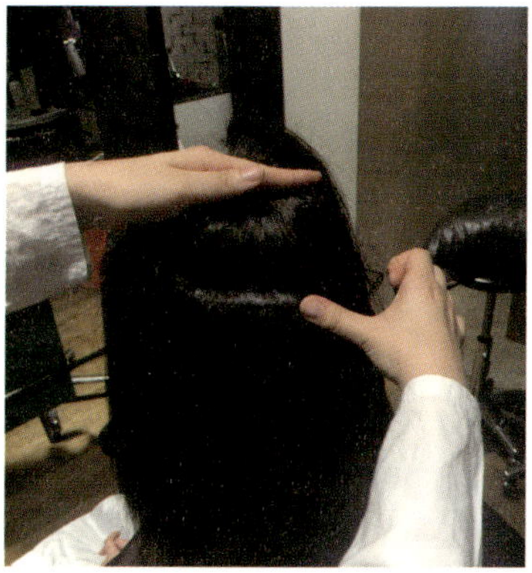
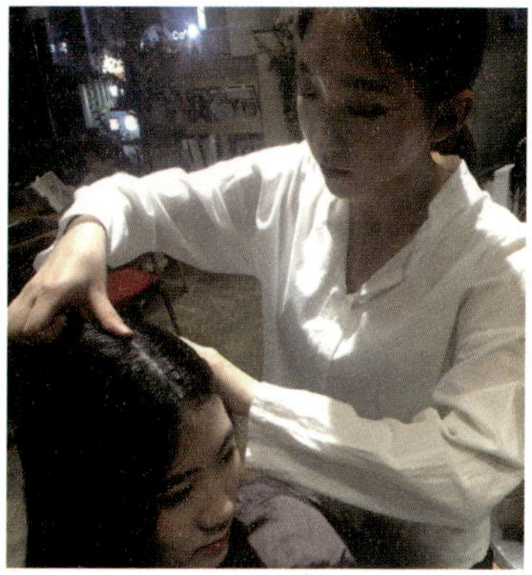

② 두발 섹션을 탄 후 두피에 스케일링제를 도포한다. 스케일링제 도포 시 모발이 아닌 두피에 도포되는 것이 중요하며, 도포 시 힘이 강하거나 섹션이 제대로 타지지 않으면 두발의 뜯김 현상으로 인해 모발이 탈락될 수 있다. (이때 제품에 따라 사용하는 도구는 스틱, 붓, 튜브형, 손 등이 될 수 있다.)

③ 스케일링제가 두피 전체에 도포되도록 마사지한 후에 스티머를 쐬어 준다. (기계 타입에 따라 사용 방법이 달라질 수 있다.)

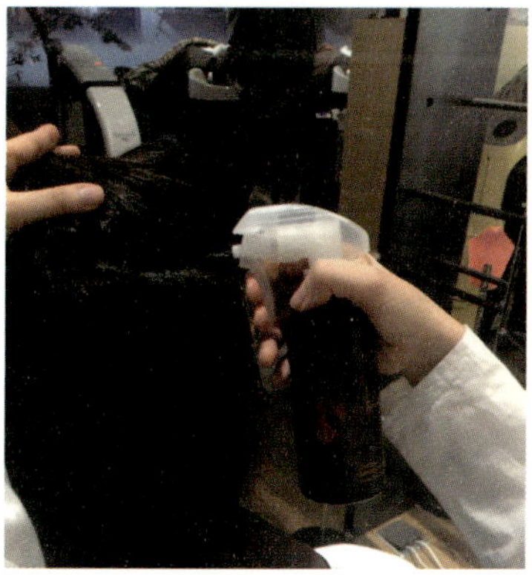

④ 두피에 분무기를 이용해서 수분감을 준 후에 두피 샴푸제를 도포한 다음, 도포된 두피를 마사지해 준다. (제품 타입에 따라 사용되는 도구가 달라질 수 있다.)

2. 좌식 샴푸

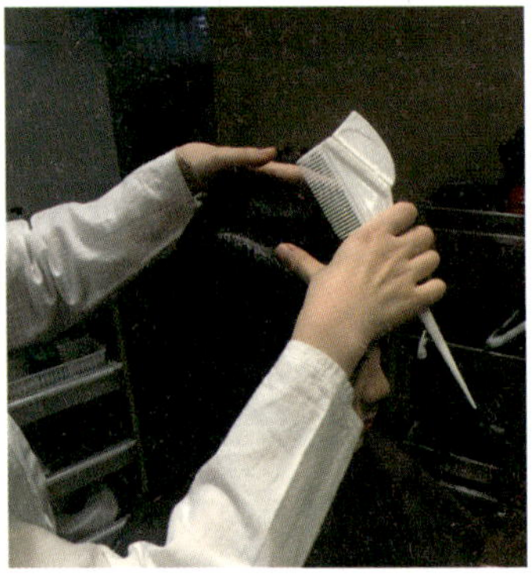 

⑤ 두피 샴푸제를 두피에 전체적으로 도포하고 마사지해 준다.

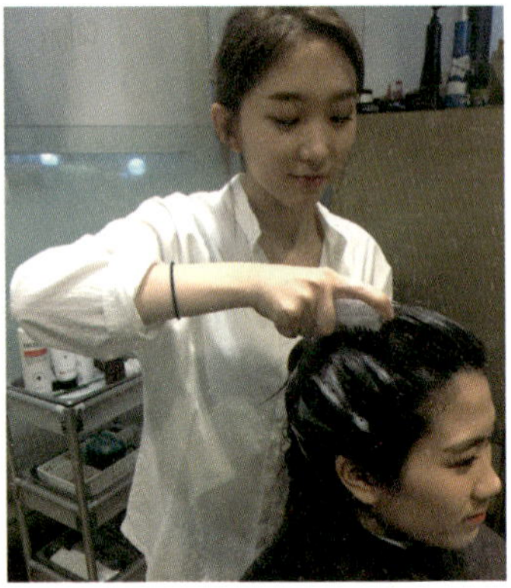 

⑥ 손이나 브러시를 이용해서 전두부에서 백회혈 쪽으로 두피와 모발을 마사지해 준다.(브러시 이용 시 두피와 모발을 손상시키지 않는 빗살이 부드러운 전문적인 빗을 사용한다.)

⑦ 손이나 브러시를 이용해서 후두부에서 백회혈 쪽으로 두피와 모발을 마사지해 준다.(브러시 이용 시 두피와 모발을 손상시키지 않는 빗살이 부드러운 전문적인 빗을 사용한다.)

3. 와식 샴푸

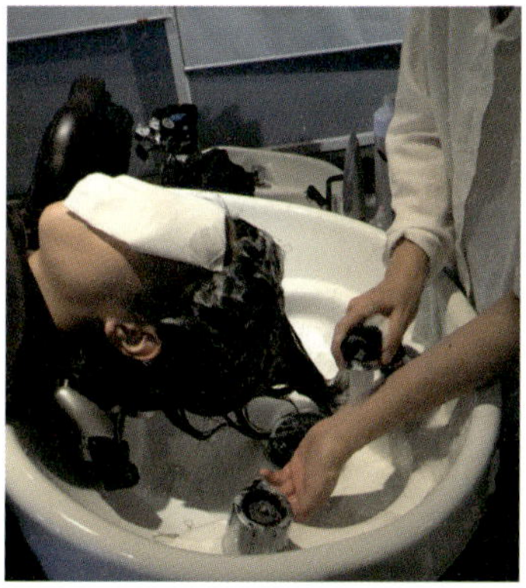
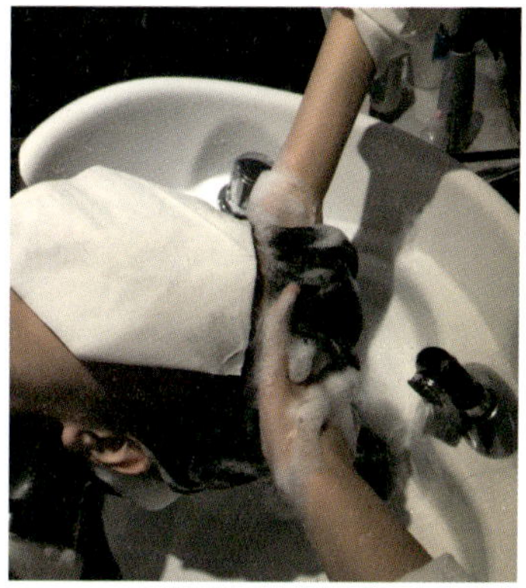

⑧ 손목 안쪽을 이용해서 물의 온도를 맞춘 후 거품을 이용하여 두피 세정 마사지를 한다.

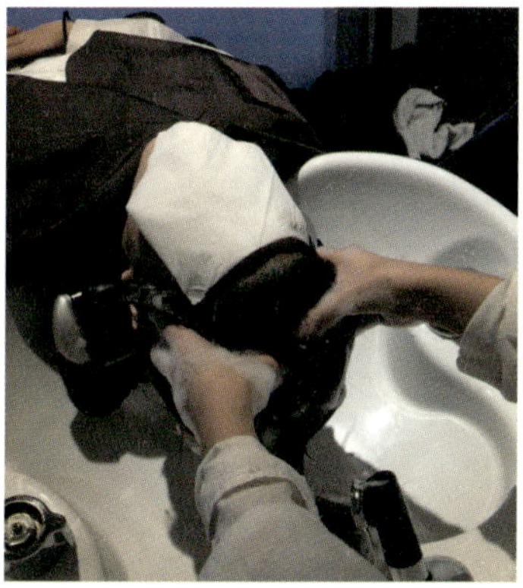
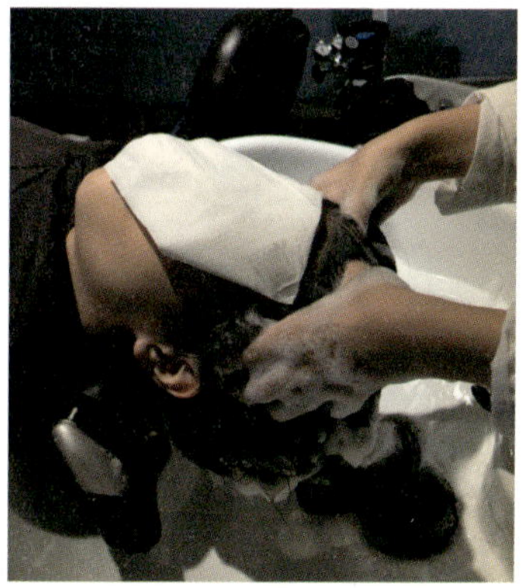

⑨ 세정 마사지가 끝난 후 두피의 혈점을 지압해 준다.

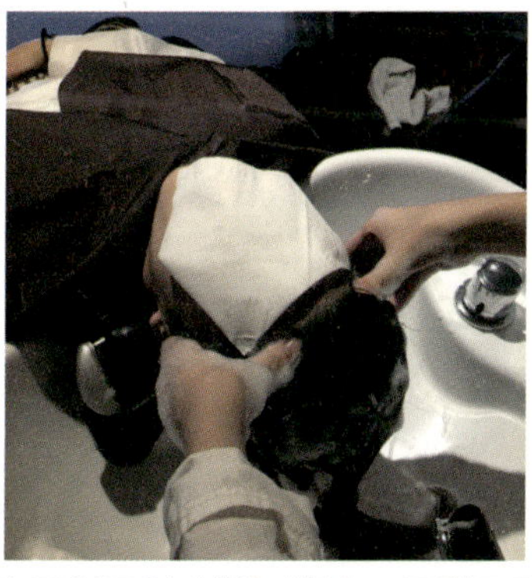
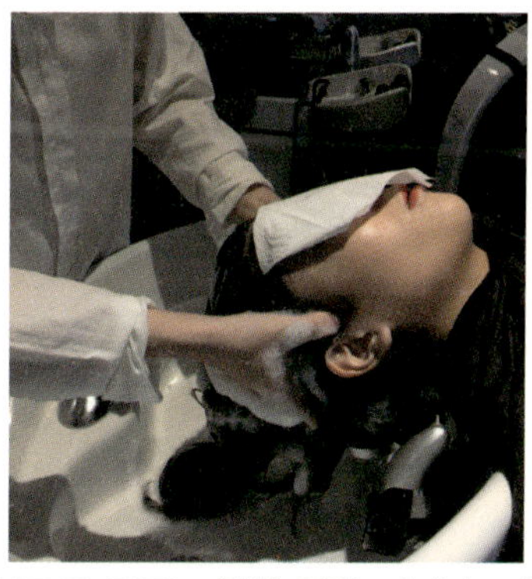

⑩ 센터 포인트의 신정, 사이드 포인트의 현로를 각각 3회씩 압을 가해 눌러 준 뒤에 관자놀이의 태양을 3회 굴려 준 후 다시 신정을 지압한다. 탑 포인트의 백회를 3회 지압한 후 네이프 포인트의 아문, 네이프 사이드 포인트의 천주 백포인트의 풍지를 끌어올리듯 3회 당겨 준 후에 두상 전체를 지압하며 마무리한다.

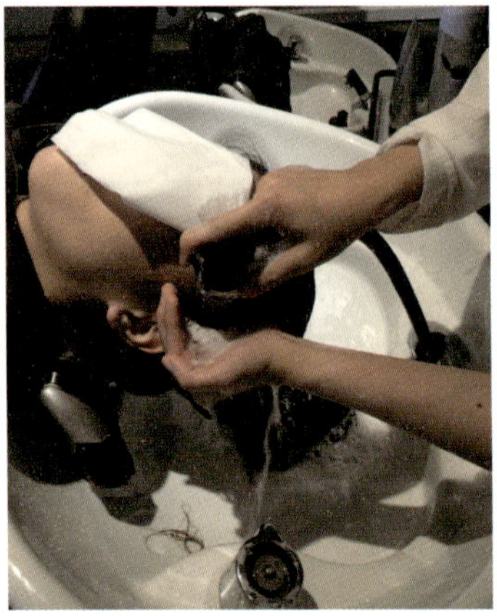

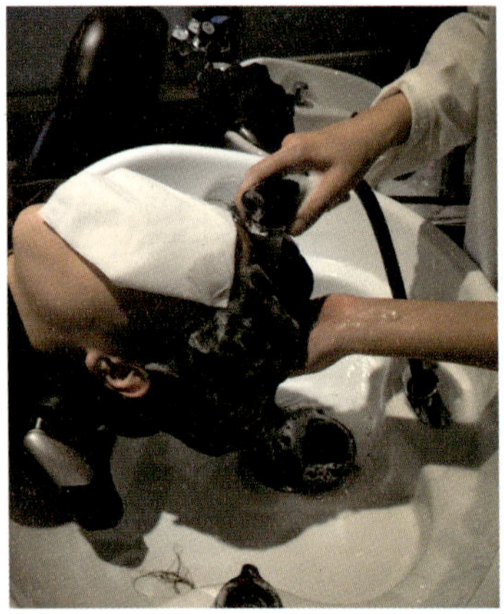

⑫ 물의 온도를 맞춘 후에 두피 · 모발을 헹궈 준다.

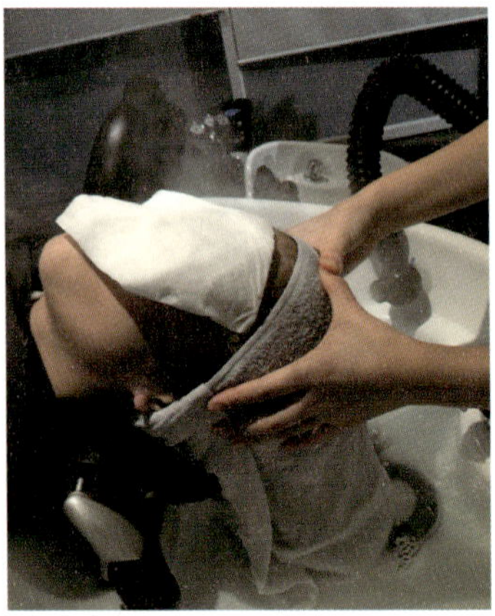

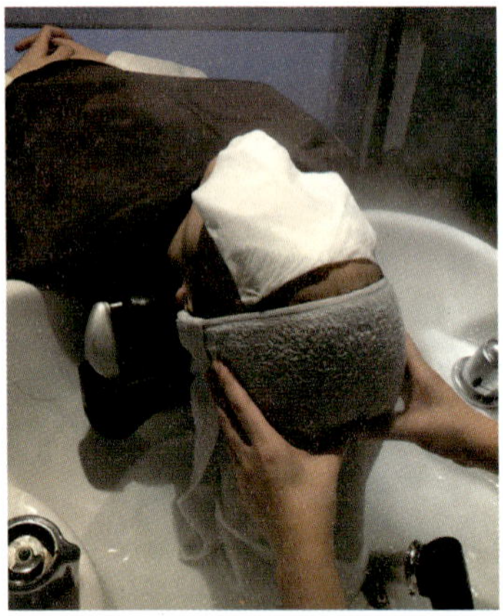

⑬ 두피 트리트먼트제를 도포하고 스팀 타월을 이용해서 두피를 감싸 준다. 두피 마사지를 해준 후에 두피 · 모발을 헹군다.

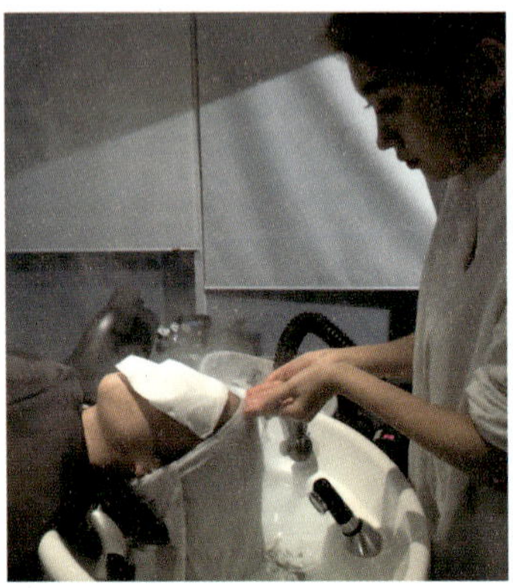

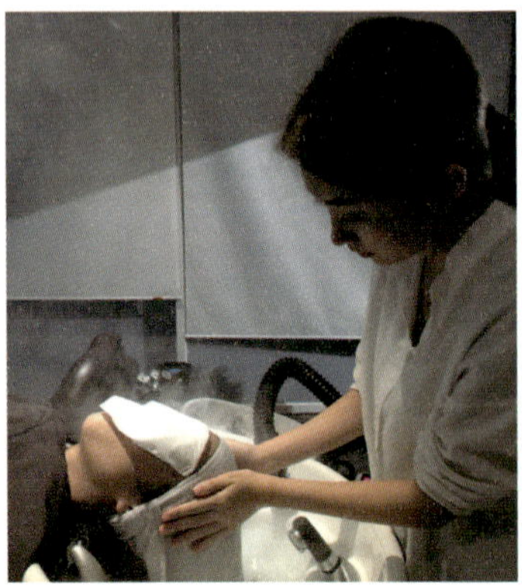

⑭ 타월 드라이와 두피 · 모발 건조 후에 두피 체크를 한다.

⑮ 섹션을 떠서 두피를 체크한다. 두피의 톤과 비듬 및 각질 등을 시술 전과 비교하여 고객에게 설명해 준다.

Chapter 3

스캘프 샴푸 마무리

학습목표

- 두피 · 모발 진단기를 사용하여 시술 전후의 변화를 비교하여 고객에게 설명할 수 있다.
- 두피 · 모발 상태에 따라 관리에 적합한 제품을 사용하여 마무리할 수 있다.
- 관리 종료 후 헤어스타일을 연출하여 마무리할 수 있다.
- 건강한 두피 · 모발 상태 유지를 위한 관리법을 고객에게 설명할 수 있다.

1. 홈케어

탈모나 문제성 두피는 전문관리도 중요하지만 매일 사용하는 제품의 개선과 정확한 사용방법, 그리고 올바른 생활 습관이 중요하다.

① 물은 하루에 1.5L 이상 섭취한다.

② 맵거나 짠 자극적인 음식은 삼가하는 것이 좋다.

③ 편식하지 않는다.

④ 음주와 담배는 몸에 해로우므로 삼가는 것이 좋다.

⑤ 생활 패턴을 규칙적으로 유지한다.

⑥ 머리는 저녁 때에 샴푸하고 두피와 모발을 제대로 건조시키고 잠자리에 든다.

⑦ 각 두피 상태에 맞는 샴푸제와 트리트먼트제 및 앰플 등을 전문가와 상담 후 사용주기와 사용법을 정확하게 숙지하고 사용하도록 한다.

⑧ 1주일에 3회 이상 그리고 30분 이상의 스트레칭 또는 적당한 운동을 규칙적으로 하는 것이 좋다.

교수·학습·평가 방법

교수 방법

① 두피 · 모발 상태 진단에 필요한 기기와 도구를 설명한다.

② 문진, 시진, 촉진, 검진을 통해 고객의 두피 · 모발 상태를 분석법을 설명한다.

③ 고객 두피 · 모발 분석 카드를 작성법을 설명한다.

④ 두피 유형에 따른 제품을 설명한다.

⑤ 두피 매뉴얼 테크닉을 설명한다.

⑥ 두피 유형에 따라 관리방법을 설명한다.

학습 방법

① 두피 · 모발 상태 진단에 필요한 기기와 도구를 학습한다.

② 문진, 시진, 촉진, 검진을 통해 고객의 두피 · 모발 상태 분석법을 학습한다.

③ 고객 두피 · 모발 분석 카드의 작성법을 학습한다.

④ 두피 유형에 따른 제품을 학습한다.

⑤ 두피 매뉴얼 테크닉을 학습한다.

⑥ 두피 유형에 따라 관리방법을 학습한다.

항목별 평가 방법

학습내용	평가항목	성취수준		
		상	중	하
두피 · 모발 준비하기	두피 · 모발상태 진단에 필요한 기기와 도구를 준비하는 능력			
	문진, 시진, 촉진, 검진을 통해 고객의 두피 · 모발 상태를 분석할 수 있는 능력			
	두피 유형에 따라 관리방법을 선택할 수 있는 능력			
	모발 상태에 따라 관리방법을 선택할 수 있는 능력			
	차회 방문 시 시술에 반영할 수 있도록 두피 · 모발 분석 카드를 작성할 수 있는 능력			
두피 관리하기	두피 유형에 따라 샴푸제를 선정하여 시술할 수 있는 능력			
	두피 유형에 따라 스케일링 제품을 선정하여 시술할 수 있는 능력			
	두피 스케일링 효과를 높이고 두피의 혈액순환을 돕기 위해 두피 매뉴얼 테크닉을 할 수 있는 능력			
	영양공급과 유 · 수분 균형 조절을 위해 팩과 앰플을 사용할 수 있는 능력			
	두피관리에 필요한 기기와 기구를 선택하여 사용할 수 있는 능력			
두피 · 모발 마무리하기	두피 · 모발 진단기를 사용하여 시술 전 · 후의 변화를 비교하여 고객에게 설명할 수 있다.			
	두피 · 모발 상태에 따라 관리에 적합한 제품을 사용하여 마무리할 수 있다.			
	관리 종료 후 헤어스타일을 연출하여 마무리할 수 있다.			
	건강한 두피 · 모발 상태 유지를 위한 관리법을 고객에게 설명할 수 있다.			

PART Ⅳ

모발 클리닉 샴푸

1. 헤어 클리닉
2. 샴푸 마무리

Chapter 1

헤어 클리닉

학습목표

- 모발 상태를 파악하여 샴푸할 수 있다.
- 고객의 불편사항을 수시로 점검하여 대처할 수 있다.

1. 모발 클리닉

1. 모발의 형태

(1) 정상 모발

건강한 모발은 모표피(毛表皮: Cuticle)가 5~15겹으로 일정하게 겹쳐서 있으며, 10~15%의 수분감을 가지고 있기 때문에 윤기가 나고 촉감이 부드러우며, 적당한 탄성을 가지고 있다.

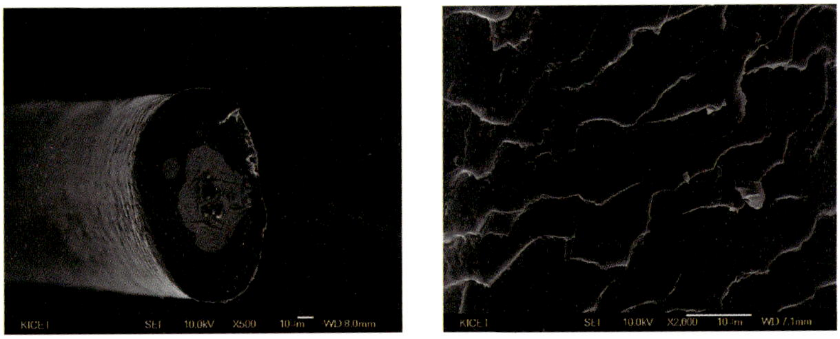

그림 4-1 정상 모발

(2) 손상 모발

모발의 손상은 크게 생리적(영양소 결핍, 스트레스, 호르몬 불균형), 물리적(마찰, 커트 및 헤어 도구, 잦은 열기구), 화학적(퍼머넌트 웨이브, 염색, 탈색), 환경적 요인(자외선 노출, 실내 수영장 물이나 바닷물, 대기오염이나 건조한 기후)에 의한 손상으로 나눌 수 있다.

표 4-1 모발의 손상 원인에 따른 분류와 모발 상태

분류	손상원인	모발 상태
생리적 요인	영양소 결핍	모발의 생장 저해
	스트레스	모발성장주기 악영향과 모발의 형태 변화 및 탈모 유발
	호르몬 불균형	남성 호르몬 : 체모 성장, 모발 성장 억제 여성 호르몬 : 모발 성장, 체모 성장 억제 갑상선 호르몬 : 과다하면 모발이 가늘어지고 결핍되면 모발 건조
물리적 요인	마찰	모표피층의 들뜸과 탈락
	커트 도구	모발 끝의 갈라짐
	잦은 열기구	시스틴 함량의 저하, 이상 모발 변성, 다공성모, 건성모 모표피 손실
화학적 요인	퍼머넌트 · 염색 · 탈색 시술	시스틴 함향의 저하로 모표피(cystine) 손실, 열모, 지모, 멜라닌(melanin) 색소의 퇴색
	과도한 헤어 스타일링제의 사용	모발 광택 감소, 모발 변성
환경적 요인	자외선 노출	모발 광택 감소, 거칠어짐
	실내 수영장 물이나 바닷물	모발촉감과 광택 감소, 모발 변성
	대기오염이나 건조한 기후	모발촉감과 광택 감소, 다공성모, 건성모

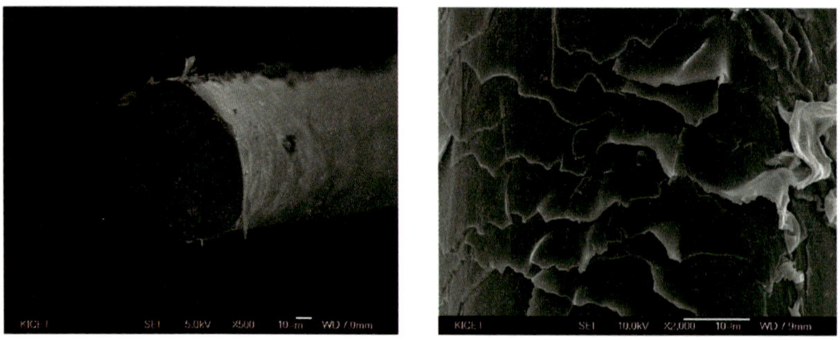

그림 4-2 퍼머넌트 웨이브(Permanent wave) 3회 시술 모발

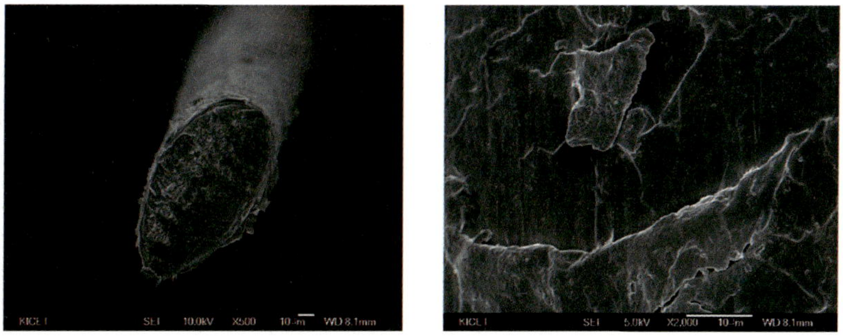

그림 4-3 탈색 3회 시술 모발

2. 모발 클리닉의 개념

1. 모발 클리닉의 정의

정상 모발이나 손상된 모발에 클리닉 제품을 도포하고 충분한 마사지를 한 후에 가열이나 습열을 가하여 모발에 클리닉의 성분을 침투시켜 건강한 모발은 건강한 모발을 유지하고, 손상된 모발은 건강한 상태로 회복시켜 주는 것이다. 모발 클리닉의 사전적 의미는 '치유, 치료, 처치'를 뜻하며, 모발의 비정상인 상태를 본래의 모발로 되돌려주는 헤어 리컨디셔닝(Hair reconditioning)의 의미와 손상된 모발을 제거하는 헤어 클립핑(Hair clipping)까지 포함하는 포괄적인 의미로 사용된다.

(1) 모발 클리닉의 조건

① 모발을 유연하게 하며 빗질이 잘되게 해야 한다.

② 모발 내부의 손상된 케라틴(keratin)을 복구하고 회복하는 기능이 있어야 한다.

③ 정전기 발생을 방지한다.

④ 모발에 일정한 수분 유지를 하고 표면을 보호하며 윤기를 주어야 한다.

⑤ 모발의 물리적인 특성을 강화시켜야 한다.

2. 모발 클리닉의 방법

(1) 모발 진단법

모발은 한사람의 모발이라도 자라난 부위에 따라 각기 다른 형태와 성질을 가지고 있기 때문에 모발의 물리적 · 화학적 성질에 따라 정확한 진단이 이루어져야 한다. 모발 진단법은 크게 실무적인 진단법과, 화학적 · 물리적 진단법과 그 외의 방법으로 나뉘어 진다.

표 4-2 모발의 진단방법

실무적인 진단법	물리적 검사진단법	화학적 검사진단법	그 외 진단법
• 문진법 • 촉진법 • 시진법	• 모발의 두께 • 모발의 인강, 신장도 • 모발의 흡수율 • 모발의 수분 함유량 측정	• 모발의 색소와 금속염의 흡착량 • 알칼리 용해도 및 소비량 • 시스틴의 함유량 • 시스테인상의 생성량 • 케라틴의 용출량	• 적혈구성 검사 • 산소다형 검사 • 단백다형 검사 • DNA다형 검사

(2) 모발 클리닉 시술방법

모발 클리닉 마사지 및 기기 사용방법

큐티클은 여러겹의 비늘이 중력의 방향으로 겹겹이 쌓여 있다. 건강한 모발은 큐티클이 촘촘히 닫혀 있지만 모발이 손상될수록 큐티클은 벌어져 끝내 갈라지게 되고, 그 틈새 사이로 모발 속의 영양분이 밖으로 유출이 된다.

따라서 모발 클리닉의 마사지 방법은 벌어진 틈새 사이로 모발 클리닉 성분을 침투시키고(큐티클 역방향), 침투된 성분들이 다시 유출되지 않도록 마사지(큐티클 방향) 해주어야 한다.

모발 클리닉 기기는 크게 습열 기기와 가열 기기로 나눌 수 있다.

이 기기들은 모발 손상도와 목적에 따라 습열이나 가열 기기를 선택하여 사용하는데 클리닉 성분의 침투를 용이하게 하기 위해서는 습열 기기를, 침투된 클리닉 성분을 안착시키기 위해서는 가열 기기를 사용한다.(이때 가열기의 온도는 최대 60℃를 넘지 않으며, 손상도가 클수록 미열을 사용한다)

표 4-3 모발 클리닉 마사지 및 기기 사용방법

클리닉 성분 침투	클리닉 성분 안착	클리닉 성분 유출 방지
• 큐티클 역방향으로 마사지 • 기기를 통해서 클리닉 성분 침투(습열 또는 가열)	• 기기를 통해서 클리닉 성분 안착(가열)	• 큐티클 방향으로 마사지

3. CMC(Cell Membrance Complex)

(1) CMC(Cell Membrance Complex)의 정의

세포간지질 혹은 세포막복합체의 약자로 모발 단백질을 구성하는 아미노산들의 조성물질이며, 큐티클과 큐티클 사이의 접착체 기능과 큐티클과 콜텍스 사이의 접착체 기능을 한다.

(2) 간충물질

섬유와 섬유 사이를 채우고 있는 케라틴 단백질로 시멘트처럼 섬유사이를 채우는 역할을 하며, 섬유 부분과 비교 시 일정한 형태를 가지고 있지 않기 때문에 비결정형 케라틴이라고 한다.

(3) KPT(Keratin Peptide)

콜라겐, 엘라스틴과 같은 성분이 모발에 수분, 영양을 공급하여 주고 세라마이드 성분이 모발을 감싸 윤기를 주며 비타민, 아미노산과 같은 활성 단백질 성분이 큐티클에 흡수되어 건강한 모발로 보충되는 기전을 총칭한다.

① 콜라겐(Collagen), 엘라스틴(Elastin)

모발의 케라틴(keratin)과 같은 단백질로 모발의 손상된 큐티클을 보완해 주고, 수분 흡수제(binder)로 모발에 수분을 붙잡아 두는 기능을 갖고 있어 모발이 건조되지 않도록 만든다. 가수분해(hydrolyzed)된 콜라겐이나 엘라스틴은 모발 내부로 쉽게 침투하여 수분을 공급하고 상한 모발에 영양을 공급하여 모발의 탄력성을 강화시켜 준다.

② 단백질(Protein), 아미노산(Amino acid)

모발 화장품에 주로 이용되는 단백질은 콩 단백질(soy protein), 밀 단밸질(wheat protein), 실크 단백질(silk protein), 가수분해 케라틴(hydrolyzed protein) 등이며 단백질을 구성하는 22개의 아미노산 중에서 특히 모발의 주성분이며, 중성을 띠는 시스틴(cystine)과 세린(serine), 트립토판(tryptophan), 프롤린(proline), 산성을 띠는 글루탐산(glutamin acid), 알칼리를 띠는 히스티딘(histidine)이 많이 사용된다. 이들 단백질 성분은 모발 속으로 침투하여 수분공급과 함께 외부의 수분을 흡수하는 매개체로 작용하며, 큐티클을 보수하여 모발을 유연하게 만든다.

(4) 모발 클리닉 제품류

① 헤어팩

모발에 영양을 흡수시키기 위한 트리트먼트 기법으로, 모발에 유분과 윤기를 주기 위한 것이다.

② 클리핑(Clipping)

큐티클 층이 벗겨졌거나 모발 끝이 갈라진 부분을 제거하는 방법으로, 가위를 사용하여 모발 끝에서 모근 쪽을 향해 잘라나가는 기법이다. 손상된 모발은 제거되고 손상된 모발로부터 수분과 유분이 유실되는 것을 방지한다.

③ 손상모 샴푸

화학적 · 물리적으로 손상되어 거칠고 건조한 모발을 회복시켜 주고, 두피와 모발의 세정을 통해 모발의 영양공급을 원활하게 하며 윤기를 준다.

파마 모발에는 컬의 늘어짐을 방지하는 샴푸를 선택하고, 염색모발에는 퇴색을 방지하고 윤기를 부여하는 염색 전용 샴푸를 쓰는 것이 좋다.

④ 산성샴푸

알칼리화된 모발을 중화시키는 pH 5 정도의 약산성 샴푸로, 벌어진 모표피를 닫아주고 알칼리 잔류성분을 제거하여 퇴색을 방지한다. 또한 민감한 두피를 보호하고 모발전체에 부드러움과 윤기를 준다. 특히 파상모와 축모를 교정해주는 스트레이트 펌을 한 후에는 산성샴푸를 사용하는 것이 좋다.

⑤ 리퀴드

모발과 동일한 케라틴 성분으로 만들어져 있으며, 단백질이 빠져나간 모발에 구멍을 보수해 준다. 헹구어 낼 필요가 없고, 드라이어 열로 모발조직과 결합시키면 샴푸 후에도 일정 기간 동안 흘러나가지 않으며 모발 손상을 보수, 재생, 강화시켜 준다. 리퀴드 소량을 손바닥에 덜어서 모발 전체에 균일하게 도포한 후 헹구어 내지 않고 그냥 스타일링한다.

⑥ 영양팩

손상된 모발을 위한 제품으로 모발에 생기를 주고 비듬 예방 및 부드러움과 윤기를 부여한다. 팩에 들어있는 식물성 오일 성분이 모발을 유연하고 매끄럽게 해주며, 손상된 큐티클을 회복시켜 탄력있고 윤기있게 만들어 준다.

⑦ 앰플

앰플은 식물성 오일과 비타민 등을 함유하여 모발에 영양과 수분을 공급하고, 파마나 염색으로 인해 손상된 모발의 단백질을 회복시킨다. 파마나 염색 전후에 사용하며 갈라진 모발 끝을 회복시키며 윤기와 부드러움을 준다.

⑧ 에센스

염 · 탈색 및 파마, 잦은 드라이 사용으로 손상된 모발에 영양을 공급해 탄력 있고 윤기 있는 머릿결로 만들어주는 제품으로 모발이 쉽게 퇴색되고 가늘어지는 것을 막아 준다. 또한 고분자 실리콘 마이크로 막이 손상된 모발에 코팅효과를 주어 건강한 머릿결로 유지시켜 주며, 모발의 수분 보유력을 증가시켜 탄력 있고 볼륨감 있는 모발을 만들어 준다.

⑨ 투페이스

투명층의 실크 프로테인 성분이 모피질 층에 침투, 손상모를 보호하며 실리콘 성분이 모표피층을 감싸서 지모, 절모 등을 방지하고 모발에 광택을 준다. 그리고 웨이브를 되살려 빗질이 쉽게 되며, 엉킨 모발도 풀어 준다.

⑩ 오일

불포화 지방산이 풍부해서 모발이 적당한 유분과 수분을 유지시키도록 해 준다.

⑪ 헤어크림

파마, 염 · 탈색, 드라이로 인해서 발생할 수 있는 모발 손상을 방지한다. 파마, 염 · 탈색 전후에 사용하면 수분을 재공급하고 모발을 부드럽게 하여 엉킴을 방지하며 모발 보호 효과를 증가시킨다.

⑫ 트리트먼트

트리트먼트는 상한 모발을 위한 것으로 모발 속 깊은 곳까지 수분을 공급해 주고, 단백질이 빠져나간 틈새에 영양분을 공급하여 벗겨진 큐티클을 인공적으로 붙여 놓는 작용을 한다.

3. 모발과 두피별 아로마 제품 만들기

1. 아로마 샴푸와 린스 만들기

표 4-4 샴푸 린스 1방울(3mL)

모발 종류	샴푸	린스
정상 모발	클라리세이지 3방울 라벤더 5방울 사이프러스 3방울	세이지 10방울 페퍼민트 5방울
지성 모발	베르가못 10방울 라벤더 3방울 로즈마리 3방울	세이지 10방울 로즈마리 4방울
건성 모발	클라리세이지 6방울 제라늄 3방울	세이지 10방울 일랑일랑 5방울
손상 모발	로즈마리 5방울 세이지 3방울 샌달우드 8방울	라벤더 6방울 일랑일랑 3방울
혼합	호호바 오일 30mL 샴푸 200mL	미네랄 워터 1,000mL

2. 모발 & 두피 트리트먼트 만들기

표 4-5 모발 & 두피 트리트먼트

모발 종류	샴푸	린스
정상모발 & 두피	클라라세이지 6방울 일랑일랑 4방울	샌달우드 11방울 라벤더 4방울
지성모발 & 두피	티트리 7방울 페퍼민트 5방울	베르가못 10방울 일랑일랑 5방울
건성모발 & 두피	세이지 10방울 샌달우드 5방울 로즈마리 5방울	샌달우드 12방울 로즈마리 4방울 일랑일랑 4방울
비듬 두피	티트리 10방울 로즈마리 5방울 사이프러스 5방울	
민감성 두피	페퍼민트 7방울 샌달우드 7방울 사이프러스 6방울	
탈모성 두피	로즈마리 6방울 시더우드 4방울 라벤더 10방울	로즈마리 방울 시더우드 5방울 엘리사 7방울
손상모발		라벤더 5방울 로즈마리 10방울 클라라세이지 5방울
혼합	호호바 오일 30mL	

4. 샴푸 시술하기

1. 클리닉 샴푸 방법

① 상담을 끝내고 모발 스트랜드 테스트와 물 분무, 인장 강도 테스트 등을 이용해서 모발 진단을 한다.

② 분무기를 이용하여 모발 분무 후 모발 클리닉 샴푸제를 섹션을 떠서 모발에 도포 후 큐티클 역방향으로 클리닉 성분을 침투시킬 수 있게 마사지를 해준다.(큐티클 역방향으로 마사지하기 때문에 노텐션으로 마사지 하는 것이 중요하다)

③ 모발 마사지 후 스티머를 이용해서 클리닉 성분이 모발 속에 침투하도록 해 준다.

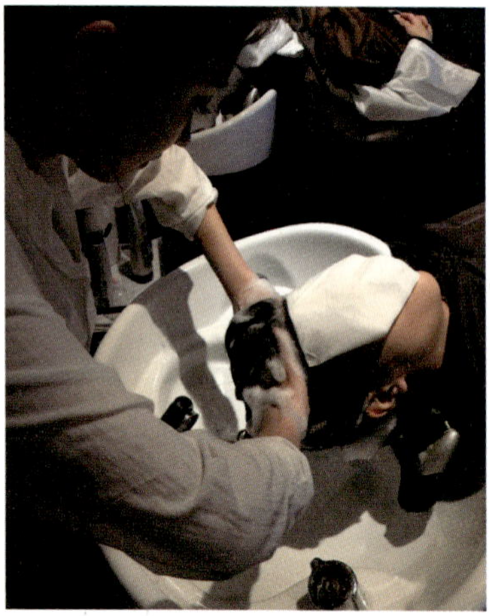
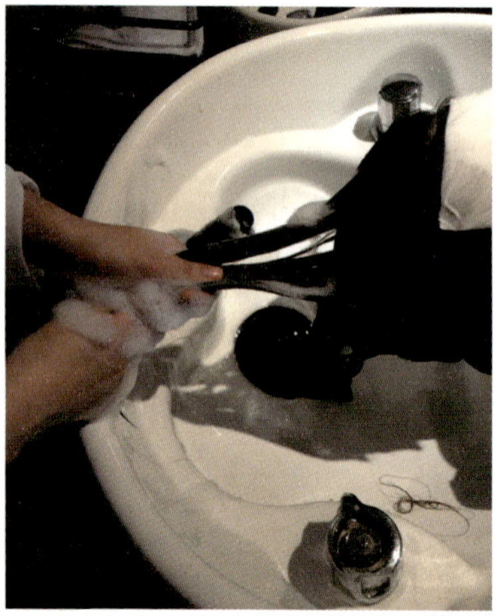

④ 샴푸대로 이동 후 두피세정 마사지를 해준다. 모발 쪽은 물결모양이 일어나도록 큐티클 역방향으로 마사지해 준다.

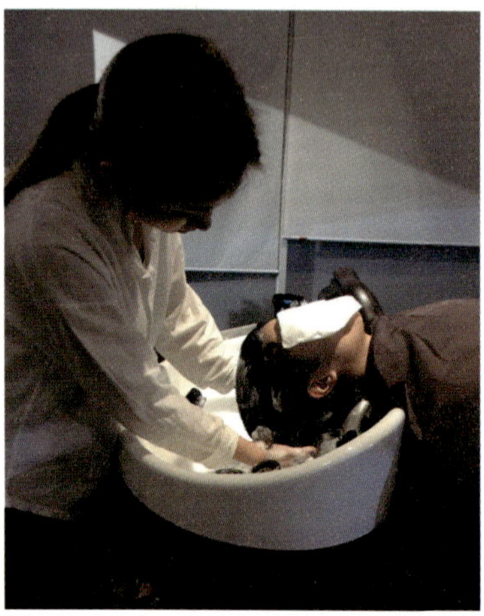
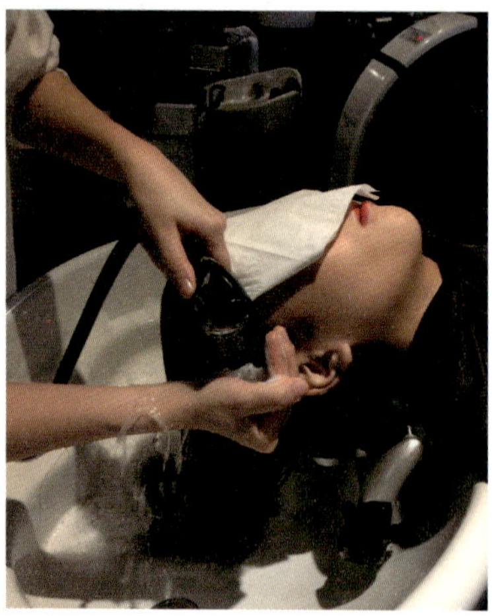

⑤ 모발 클리닉 샴푸제를 깨끗이 헹궈 준다.

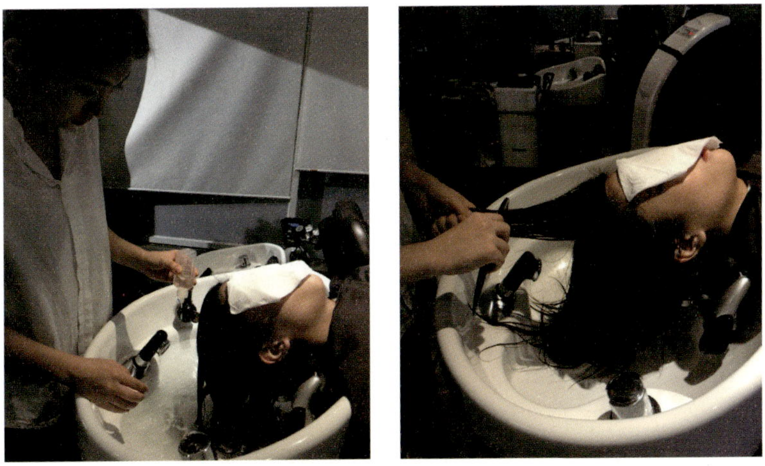

⑥ 샴푸대에 물을 받은 후 모발 클리닉제를 샴푸대에서 혼합한다. 혼합 후 굵은 빗과 손을 이용해서 큐티클 역방향으로 마사지해 준다.

⑦ 모발 클리닉제와 혼합된 샴푸대의 물을 두피와 모발에 전체적으로 뿌려 준다.

⑧ 모발의 손상도에 따라서 기계를 이용하여 모발 클리닉제의 침투를 돕는다.

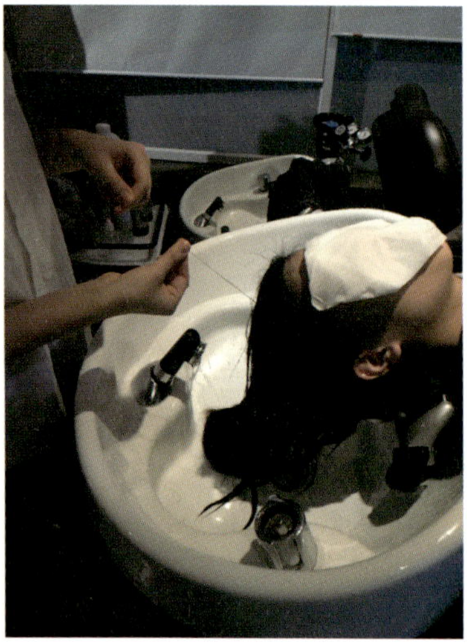
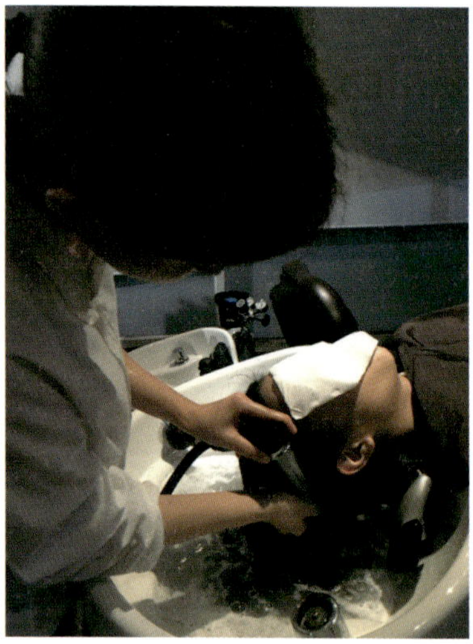

⑨ 모발을 헹군 후 인장강 · 신도, 스트랜드 테스트, 촉진법 등을 이용해 모발 테스트를 한다.

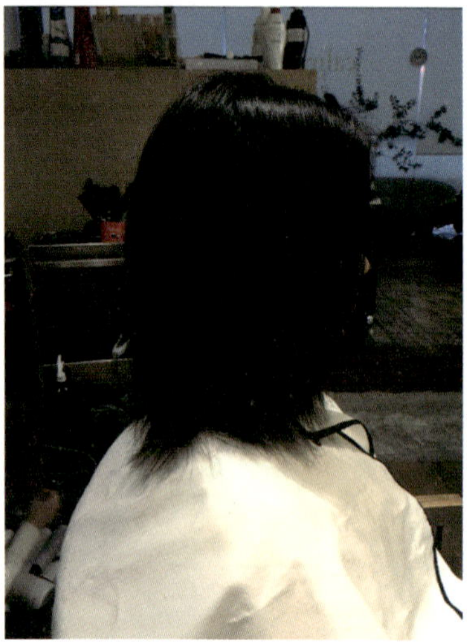
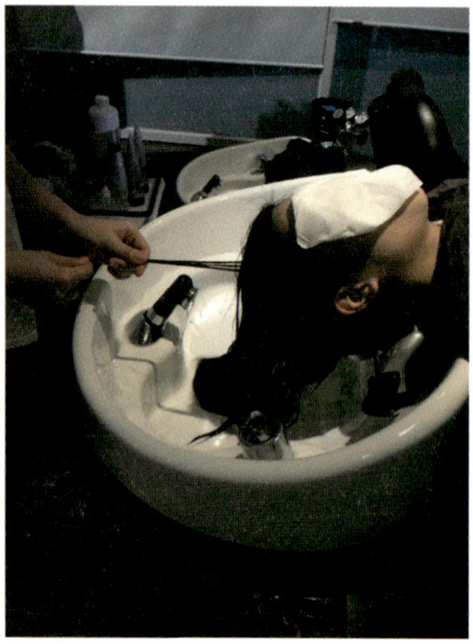

⑩ 차가운 바람이나 미열을 사용하여 모발을 건조하고 마무리해 준다. 마무리 된 모발을 앞부분의 테스트를 통하여 모발을 진단하고, 모발의 채도와 윤기를 시술 전과 비교하여 고객에게 설명해 준다.

2. 실리콘 또는 이물질 제거 샴푸

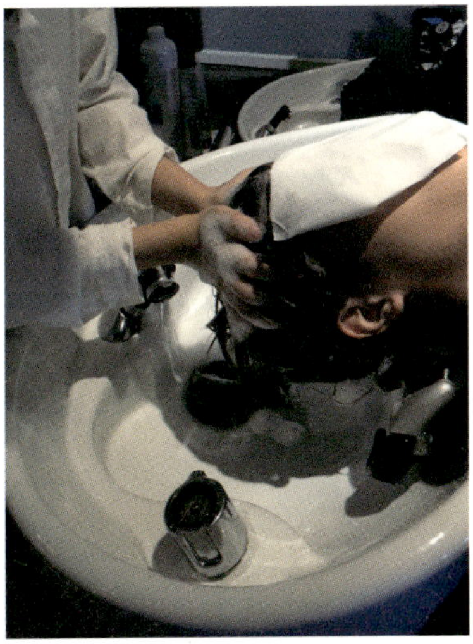
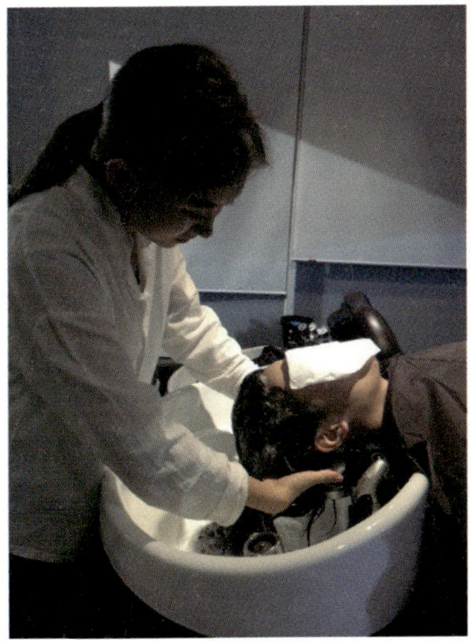

① 실리콘 및 이물질 제거 샴푸제를 두피 · 모발에 도포한 후 세정 마사지를 해 준다.

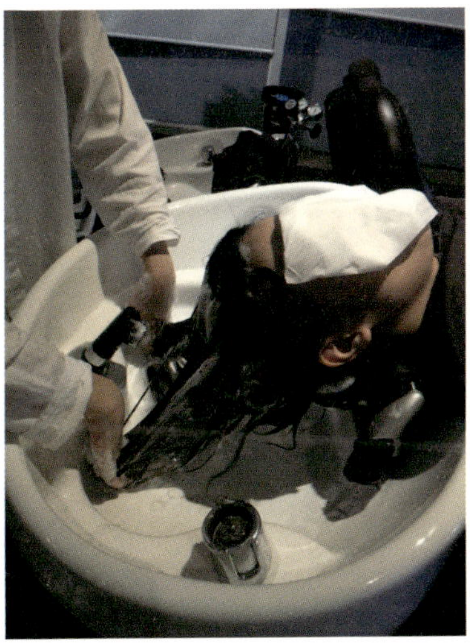
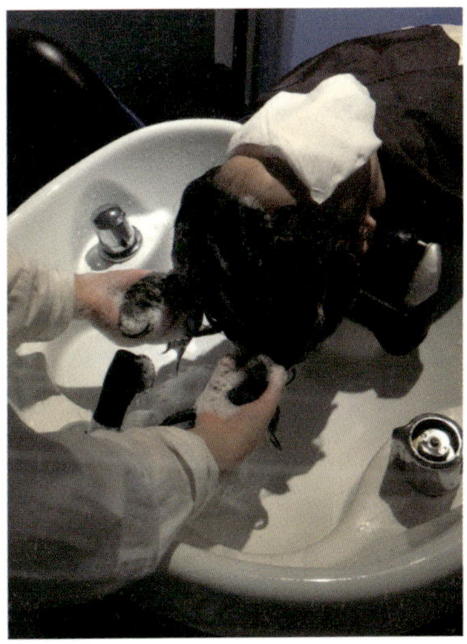

② 모발을 양손으로 나누어 노텐션으로 주무르듯이 잼잼해준 후 모발을 헹궈 준다.

Chapter 2

샴푸 마무리

학습목표

• 모발의 물기 제거를 위해 타월 드라이를 할 수 있다.

1. 타월 드라이

샴푸 시술이 끝난 고객의 모발을 타월을 이용해서 터번을 두른 후 고객을 시술 자리로 안내한다. 이때 타월로 터번을 만들 시 고객의 두개피와 모발이 당겨지지 않도록, 모발에 타월을 돌려서 터번을 만들지 않도록 주의하여야 한다.

모발이 젖어 있는 상태에서 모발에 타월을 돌려 터번을 만들면 모표피를 찢어져서 모발 손상의 원인이 될 수 있다. 고객을 시술 자리로 안내한 뒤 터번을 풀고 고객의 두개피와 모발의 수분을 타월로 이용해서 닦아 준다.

교수·학습·평가 방법

교수 방법

① 두피, 모발상태나 시술 목적에 따라 샴푸제의 선택과 샴푸법을 설명한다.
② 엉킨 모발의 정돈과 이물질 제거를 위해 사전 브러시법을 설명한다.
③ 모발관리에 필요한 기기와 기구를 설명한다.
④ 모발의 유형별 유 · 수분 균형 조절과 영양공급을 위해 사용하는 팩과 앰플 등을 설명한다.
⑤ 고객 상담과 불만응대법을 설명한다.
⑥ 타월 드라이법을 설명한다.

학습 방법

① 두피, 모발상태나 시술 목적에 따라 샴푸제의 선택과 샴푸법을 학습한다.
② 엉킨 모발의 정돈과 이물질 제거를 위해 사전 브러시법을 학습한다.
③ 모발관리에 필요한 기기와 기구의 사용방법을 익힌다.
④ 모발 유형별로 알맞은 팩과 앰플 등의 제품을 사용한다.
⑤ 고객 상담과 불만응대법을 학습한다.
⑥ 타월 드라이법을 학습한다.

항목별 평가 방법

학습내용	평가항목	성취수준		
		상	중	하
샴푸 준비하기	두피, 모발상태나 시술 목적에 따라 샴푸제를 선택하는 능력			
	엉킨 모발의 정돈과 이물질 제거를 위해 사전 브러시하는 능력			
	혈액순환 개선과 신진대사 촉진을 위해 두피 매니플레이션하는 능력			
샴푸 시술하기	두피 · 모발 상태를 파악하여 샴푸할 수 있는 능력			
	모발의 유형별 유 · 수분 균형 조절과 영양공급을 위해 사용하는 팩과 앰플 등을 설명할 수 있는 능력			
	모발 상태와 관리방법에 따라 관리제품을 도포할 수 있는 능력			
	모발의 유형별 유 · 수분 균형 조절과 영양공급을 위해 팩과 앰플을 사용할 수 있는 능력			
	고객의 불편사항을 수시로 점검하여 대처할 수 있는 능력			
샴푸 마무리하기	모발의 물기 제거를 위해 타월 드라이를 할 수 있는 능력			

참고문헌

박은준 외, "기본헤어 퍼머넌트웨이브", 메디시언, 2016.
김주섭 외, "두피모발관리학", 북카페(2007)
최근희 외, "모발 두피관리 Work Book", 들샘(2009)
조명숙 외, "모발학", 훈민사(2005)
정현진 외, "미용문화사", 광문각(2004)
황희순, "미용학개론", 청구문화사(2002)
한국미용장협회, "미용학총론", 청구문화사(2009)
서원숙 외, "베이직 샴푸", 들샘(2014)
김영권 외, "소독 및 전염병학", 청구문화사(2003)
유광석, "탈모증별 상담과 실습", 다모출판(2008)
노정애 외, "퍼머넌트 웨이브 디자인", 훈민사(2005)
양은진 외, "헤어컬러링", 메디시언(2015)
하병조 외, "화장품화학", 수문사(2002)
대한미용교수협의회, "NEW TRICHOLOGY", 청구문화사 (2016)
국제미용교육포럼학술위원회 편저, "모발학", 청구문화사(2009)
최에스더 외7인, "최신모발학", (2014)
장병수, 이귀영, "최신 모발학", 광문각(2011)
이진옥, "모발과학", 형설출판사(2004)
김민정 외 3인, "모발과학 및 관리학", 도서출판 청람(2007)
하병조, "미용 생화학", 형설출판사(2001)
곽형심 외6인, "모발 · 두피 관리학", 청구문화사(2003)
김지연, 김정화, "헤드스파 HEAD SPA", 훈민사(2011)
임순녀 외6인, "두피모발관리학", 광문사(2011)
(KAT)(사)한국가발협회, "가모관리학", 훈민사(2013)
고경숙, 윤복연, "스캘프 헤어샴푸 & 컨디셔닝", 훈민사(2009)
김광옥 외7인, "트로콜로지스트를 위한 Scalp & Hair care", 도서출판 청람(2010)
김진숙 외6인, "두피관리학", 훈민사(2015)
윤천성 외6인, "임상헤어 토탈 헤어디자인과 헤어", 훈민사(2006)
이흥호 외5인, "실전 두피모발관리학", 두피가발문화연구센터,(2015)
정숙희 · 심선녀 · 황종호 · 김미정, "트로콜로지스트 스토리 북", 훈민사(2008)

촬영협조; 명지전문대학 헤어실습실, 캄스 헤어 살롱

찾아보기

올 어바웃 샴푸
All About Sampoo

2017년 3월 5일 초 판 인쇄
2017년 3월 10일 초 판 발행

저 자 서원숙 / 최묘선 / 홍서영

발행인 주 병 오

발행처 메디시인

경기도 파주시 회동길 209
파주출판문화정보산업단지

영업팀 (031)955－7566 · 7577
편집디자인팀 (031)955－7731
F A X (031)955－7730
홈페이지 www.ji-gu.co.kr
이메일 jigupub@hanmail.net

ISBN 979－11－86739－38－5－93590

값 20,000 원